初学者のための
画像メディア工学

著者：田中 賢一

はじめに

デジタル社会を迎え，マルチメディアにおける画像情報処理の役割の重要性は一段と増してきている．また，その活用の場も様々な分野に及んでいる。

本書では，印象派絵画から画像の表現を概説することからはじまり，新しいトピックのひとつであるテレビジョンのデジタル通信技術等を切り口として，画像・メディア工学の基本から応用までを解説する．

すなわち，

1. テレビジョンやプリンタを中心とした表示デバイス
2. ディジタルカメラを中心としたセンシングデバイス
3. フィルタリングやディザ処理を中心とした画像処理
4. グラフィックの基礎知識
5. パターン認識
6. 画質の評価

などを広く解説したものである．

すでに，筆者は共立出版より「画像メディア工学　～イメージ解析から出力まで，初学者のためのマルチメディア入門書～」を上梓した．それから15年が経過し，現在という部分については早足の進歩となった部分もあるため，このことを念頭に置いて，改めて上梓しようと考えるようになった．

時勢に合わせた一部内容の修正は勿論のことであるが，大学や高専などでの教科書を念頭に置き14～15週にて実施される講義で利用しやすい構成とした．

各章には演習問題を付しているが，考える力やサーベイをする力を涵養することを目的として，解答は付さないようにしている．その理由は，令和になった現在，答えを覚えること以上に答えを導き出すことを大切にする教育にシフトする傾向にあり，クリエイティビティがスキルとして重要視される傾向になっているからである．このため，今実在せずとも新しいものを創造できるような答えが導き出せて，それを具現化できるようにするための実力養成が大切になってきているであろう．

ところで，本書を執筆するに機会をお与えくださり，いろいろとお世話くださった近代科学社の諸兄諸姉に感謝申し上げる．

2025年2月　田中 賢一

目次

はじめに ... 3

第1章　画像工学の歴史的概観

1.1　印象派芸術と物理学 ... 10
1.2　印刷技術から印写技術へ ... 11
1.2.1　印象派芸術の時代までの印刷技術 ... 11
1.2.2　写真技術からホログラフィへの発展 ... 12
1.3　電子印刷への発展 ... 12
1.4　点描の手法と電子印刷との関連 ... 13
1.5　近年の動き ... 13

第2章　フーリエ変換

2.1　1次元のフーリエ変換 ... 16
2.2　2次元のフーリエ変換 ... 17
2.3　フーリエ変換の性質 ... 18
2.4　計算機上でのフーリエ変換 ... 20
2.5　離散フーリエ変換の特徴 ... 23
2.5.1　スペクトルの周期性 ... 23
2.5.2　スペクトルの対称性 ... 23
2.5.3　DFT の計算例 ... 24

第3章　半導体素子

3.1　半導体とは何か？ ... 28
3.2　PN 接合ダイオード ... 30
3.3　バイポーラトランジスタ ... 30
3.4　J-FET ... 33
3.5　MOS-FET ... 34

第4章　画像入力デバイス

4.1　カメラ ... 38
4.1.1　カメラの結像光学系 ... 38
4.1.2　カメラの撮像素子 ... 39
4.1.3　手ぶれ補正機能 ... 42
4.1.4　解像度 ... 43
4.2　スキャナ ... 43
4.3　指紋センサ ... 45

第5章　テレビジョン

5.1　ディジタル放送システムとは ... 50
5.2　ディジタル放送のしくみ ... 52

5.2.1 圧縮符号化 53
5.2.2 多重化 54
5.2.3 伝送路符号化 54
5.3 地上ディジタル放送 55
5.4 ハイビジョンの諸元 58
5.5 ストリーミング 59

第6章 ディジタル信号の伝送

6.1 なぜ変調が必要か 62
6.2 ASK 方式 62
6.3 FSK 方式 63
6.4 PSK 方式 65
6.5 CPFSK 65

第7章 電子ディスプレイ

7.1 液晶ディスプレイ (LCD) 70
7.2 プラズマディスプレイ (PDP) 73
7.2.1 カラー PDP の構造 73
7.2.2 カラー PDP の表示 74
7.3 有機 EL ディスプレイ 75
7.4 CRT ディスプレイ 76
7.5 電子ディスプレイの画質評価 78

第8章 プリンタ

8.1 サーマル記録 86
8.1.1 サーマル記録とは？ 86
8.1.2 サーマルプリンタ 86
8.2 電子写真記録 88
8.3 インクジェットプリンタ 91
8.3.1 インクジェットプリンタの原理 91
8.3.2 インクジェットヘッド 92

第9章 光と画像

9.1 レンズのフーリエ変換作用 96
9.1.1 ホイヘンス–フレネルの式とフレネル回折 96
9.1.2 レンズのフーリエ変換作用 97
9.2 光の干渉 99
9.3 可干渉性（コヒーレンス） 101
9.4 色 102
9.4.1 加法混色 102
9.4.2 減法混色 104
9.4.3 表色系 105
9.4.4 コンピュータ画像処理における色空間 105

第10章　画像処理の基礎

10.1　階調変換 …… 110
10.2　画像のフィルタリング …… 112
10.2.1　平均値フィルタ …… 112
10.2.2　ガウシアンフィルタ …… 114
10.2.3　メディアンフィルタ …… 114
10.2.4　画像の1次微分 …… 116
10.2.5　ラプラシアンフィルタ …… 117
10.3　ハーフトーン処理 …… 119
10.3.1　画像の2値化 …… 119
10.3.2　ディザ法 …… 120
10.3.3　誤差拡散法 …… 121
10.4　画像の評価 …… 123

第11章　画像のフォーマットならびに画像符号化

11.1　各種画像フォーマット …… 128
11.1.1　静止画 …… 128
11.1.2　動画 …… 130
11.2　画像符号化 …… 132
11.2.1　静止画の符号化 (JPEG) …… 132
11.2.2　動画の符号化 (MPEG) …… 134
11.2.3　MPEG-1, MPEG-2 の概要 …… 135

第12章　パターン認識

12.1　マッチングの原理 …… 140
12.2　テンプレートマッチング …… 142
12.3　位相限定相関法 …… 143

第13章　CG，VR，立体映像

13.1　コンピュータグラフィックス (CG) …… 148
13.1.1　2次元コンピュータグラフィックス …… 148
13.1.2　3次元コンピュータグラフィックス …… 149
13.2　バーチャルリアリティ (VR) …… 150
13.2.1　ヘッドマウンテッドディスプレイ (HMD) …… 151
13.2.2　プロジェクション型没入ディスプレイ …… 152
13.3　3次元ディスプレイ …… 153
13.3.1　立体メガネ …… 153
13.3.2　レンチキュラ方式 …… 154
13.3.3　ホログラフィックディスプレイ …… 154

第14章　今後の展望

14.1　芸術としてのメディア技術 160
14.2　情報セキュリティ 160
14.2.1　電子透かし 160
14.2.2　ディジタル放送の録画 160
14.2.3　防犯のためのマルチメディア記録 161
14.2.4　コピーコントロール 161
14.3　知的所有権の保護 161

参考文献 163
索引 164

第1章

画像工学の歴史的概観

本章では，点描画における技法と，現代の映像表現技術との係わり合いについて論じる．まず，印象派芸術の代表的存在ともいえる点描の技法と，印刷技術や写真技術との関係について述べる．次に，現代において点描の技法は，擬似中間調処理をはじめとして多岐にわたり応用されていることを示す．

美術史において，19 世紀後半には印象派芸術の時代になったといわれている．この印象派芸術に代表される技法には“点描”が挙げられる．この点描は，この時代の印象派に属する画家たちによって多用されてきた．すなわち，原色など少ない色を巧妙に配置することによって，あたかもその色を再現するといった技法である．点描による色の再現技法については，現代のカラープリンタにおける色のドット表示などの原点と考えられる．その観点から，現在，民生用パーソナルコンピュータの周辺機器としてのプリンタ技術への応用は，その技術の進歩は目覚しいと考えることができる．

そこで，印象派芸術，印刷などの歴史に遡った考察を行い，“点描”に代表される印象派芸術から現代の画像工学に至る歴史的過程を論じる．

1.1　印象派芸術と物理学

印象派芸術における画家として，マネ，モネ，ルノワール，ドガ，ピサロ，ゴッホ，シスレー，スーラ，セザンヌ，シニャックなどが挙げられる．印象派において統一的な思想は“光の輝きを極限に表現する”ことであった．従って，それまで絵具をパレット上で混合していたものを，カンバスに原色のまま分割して様々な色を配置する“視覚混合”に切り替えていった時期であった．これは，1880年代後半に確立されていったものであった．

上記のような多くの画家たちが，とりわけ“色彩の分割”に手がけている．しかしながら，モネ，シスレー，ピサロ，ルノワール，ゴッホなどに関する点描画における色彩配置は，彼ら自身の制作過程から，直感的に見出されたものであった [1]．図1.1は，ゴッホのhの点描画である．ゴッホの作品は色彩分割に強い興味を示しているものの，色彩分割を行った作品から，ゴッホの作風である“細かな線の混合”となる礎と見ることがわかる．ゴッホのこれらの作品は，スーラの作品が完成してからあとの作品であるため，スーラやセザンヌなどから影響を受けたものであると考えることができる．

ところで，物理学とりわけ光学と言う立場では，この時代には，色彩に関するいくつかの学説が唱えられるようになった．1860年にヘルムホルツは，ヤングの3原色説をもとに，ミュラーの感覚神経特殊エネルギー説を応用し，ヤング–ヘルムホルツの3原色説[1]を唱えることが出来ている．また，1874年にはヘリングの反対色説（4原色説）[2]が唱えられるに至り，印象派芸術を行うための一種の根拠付けが行われるための理論が出来上がったということがいえる．

(a) レストランの内部 (1887年夏)

(b) 種蒔く人 (1888年6月)

図1.1　ゴッホの点描画

これらの理論を積極的に利用したのは，スーラをはじめとした第8回印象派展に登場した画家たちである．とくにスーラの作品は，先述の科学者や美学者による色彩理論を取り入れていた．図1.2は，スーラの代表作を示している [1]．とくに，図1.2(c)は，点描画の中でも広く知られている代表的作品である．その理由は，先述のように，図1.2(a)のように小さな色の斑点での表現を行うための技法についてのスーラ自身の研究成果を示した上で，図1.2(b)のように純粋色だけで表現しようとした技法に関する研究成果を示し，その結果として図1.2(c)のように光

1　人間の眼には青（B），緑（G），赤（R）に対して感じる3つの光受容体があり，その感じ方の割合により多様な色を感じるというものである．

2　3原色（R,G,B）には反対の色（補色といわれる）が存在し，また白の反対の色は黒になるという考え方である．

学とりわけ色彩学の当時における研究成果を十分に取り入れた作品ができたと言うことができる．また，1886 年の第 8 回印象派展で，Seurat は数学・生理学・美学者のシャルル・アンリに出会い，更なる理論研究を行った．その結果，図 1.2(d) に示す 1888 年制作の“ポーズをする女たち”あたりからその成果が現れるようになってきた．つまり，当時の物理学（光学）的な色彩学研究成果がいち早く実用化されたということもできる．

1.2　印刷技術から印写技術へ

印刷は映像表現技術の中にあっては，非常に基礎的な部分にあると考えられる．この印刷技術[3]は機械工学の技術からはじまり，工業化学の一領域である写真技術との融合を経て，現在では主として電子工学の領域に入っているということができる．また，写真技術を伴って急速に発展し，ディジタル写真や，立体映像表現技術であるホログラフィへも発展する．

1.2.1　印象派芸術の時代までの印刷技術

15 世紀の中頃に活字合金が発明され，Gutenberg によって 42 行の聖書が完成された．16 世紀には銅版画が使われるようになったが，18 世紀末にはリソグラフィへの関心も高まってきた．しかしながら，当時の印刷は文字が主で，図版などは手による描画に頼っていたため，写真技術が導入されるまでは難しい技術とされていた．

(a) 風景 (1884 年～1885 年)

(b) 猿を連れた夫人 (1884 年～1885 年)

(c) グランド・ジャットト島の日曜日の午後 (1884 年～1886 年頃)

(d) ポーズをする女たち (1888 年)

図 1.2　Seurat の点描画

3　もともとは，活版印刷と言って版画にヒントを得た印刷技法からなるものである．活版印刷は活字を使った版画のような印刷である．最近では，オフセット印刷やオンデマンド印刷なども使われる．

1.2.2　写真技術からホログラフィへの発展

1834 年に Talbot が塩化銀の感光現象[4]を見出し，1839 年にはダゲレオによって写真術が発明した．この写真技術は，現在では CCD や CMOS を用いたディジタルカメラに発展し，電子技術と写真技術との融合がなされ，ディジタル写真技術に発展するようになってきている．また，1948 年にはガボールによって顕微鏡の開発から派生したとされるホログラフィの原理が見いだされ，写真技術から立体映像表示へと発展してきた．そして，2024 年に新しく発行された新紙幣にはどの券種でもホログラムが付加されるようになっている．

1.3　電子印刷への発展

前述のように，印刷技術は機械工学の技術の一部分であったが，工業化学の一部分である写真技術（酸塩基反応）とともに発展し，20 世紀には電子工学の領域に変化してゆくこととなった．

さて，濃淡画像を印刷する際に，白と黒との 2 色で中間調を如何に表現するかが問題となってきた．なぜなら，グラビア印刷に見られるような階調濃度によってインクの量を調節する方法は，量産印刷としての技術としては向いているものの，現代の民生用プリンタなどのように簡単

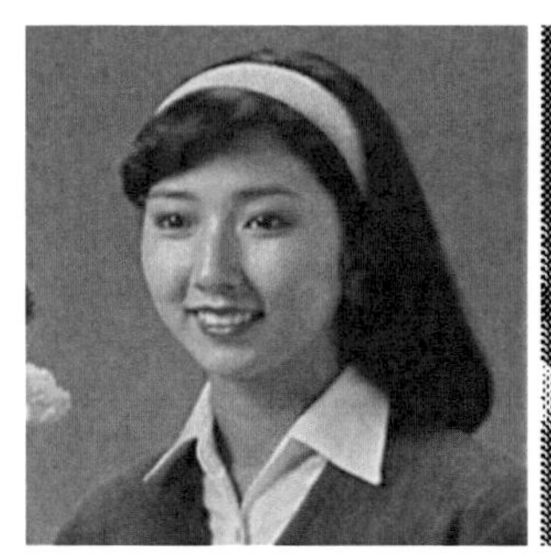

(a) 原画像

(b) 網点法

(c) ディザ法

(d) 誤差拡散法

図 1.3　擬似中間調処理

4　塩化銀は光を受けると酸化還元反応が起こる．このことを利用して，光が当たった部分とそうでない部分とを印写することによって，写真をつくることができる．なお，現像が済んだ写真フィルムや印画紙には酸化還元反応が進まないような処理が施されている．

な装置で 1 回だけの印刷を行うような場合には不合理な方法であることに起因する．

白と黒との 2 色で中間調を表現するための処理を擬似中間調処理[5]というが，最もはじめに行なわれた方法は 1880 年に Ives によって発明された網点スクリーンであった．その後，ディザ法，誤差拡散法など，様々な方式が提案されてきた．これらの方法によって得られた擬似中間調処理画像を図 1.3 に示す．このように擬似中間調処理の研究が熱心に行われるとともに，プリンタが民生用電化製品として普及するようになった．

1.4 点描の手法と電子印刷との関連

点描画は，カラー画像に対して，純粋色だけの配置によって如何に視覚的かつ主観的に忠実な色を再現するかを目標とした手法であった．しかも，色彩学や光学の知識を利用しているため，現代でも高い評価がなされている．

電子印刷は濃淡画像（白黒画像）の 2 値化に関して，白と黒とを如何に振り分けるかという観点から研究が進められ，今日も

1. 階調濃度の変化の少ない領域でテクスチャ[6]が少なくなること
2. 階調濃度の変化の大きい領域ではエッジが明確に現れ，かつ偽輪郭[7]が生じないこと

の条件を満たすような処理方式の研究が続けられている．

両者の間には，画素としての点の配置という観点から，同じ問題を扱っていると考えることも可能である．

また，テレビジョンにおいては画素の配置と RGB（赤，緑，青）の配置との関係もいくつか考案され，現在に至っている．

1.5 近年の動き

本章では，点描画における技法から現代の映像技術への変遷について概観した．まず，現代の民生用カラープリンタの色再現などにおける基礎が，既に 100 年以上前に印象派芸術としての代表的存在ともいえる点描画から，つくられてきたことを示した．また，点描の手法に関する研究は，現在も擬似中間調処理と同様と見ることができ，電子ディスプレイやプリンタなどの要素技術として研究が続けられていることを示した．以上のことから，“点描の手法” は現代の印写技術に大きく寄与していることがわかったのである．

5　濃淡画像において，本来，印刷する際には白と黒以外の色を印刷することは困難であるため，白と黒との面積の比率を調整することによって，肉眼で遠目に見るとグレーが見えるようになる．このグレーを見せるための白と黒との配置をするための画像処理を擬似中間調処理という．

6　画像において規則的に発生する網目模様のことをいう．このテクスチャ模様に関する規則性を解析する研究も行われている．プリンタにおいて，階調濃度の傾価が少ない領域では，雨や雪が降ったような模様が見られることもあり，この規則的な模様をテクスチャと呼んでいる．

7　カラー画像の階調数もしくは色数を少なくして表示した場合，階調濃度の境目となる部分に輪郭線が現れてしまう．この輪郭線を偽輪郭または偽輪郭線という．

表 1.1　画像工学に関する主な動き

1834	Talbot が感光現象を発見
1839	タゲレオが写真術を発明
1860	ヤング–ヘルムホルツの 3 原色説
1874	ヘリングの反対色説
1880	網点スクリーンを発明
1941	アメリカで初めてテレビ放送に関する規格が制定
1948	Gabor によりホログラフィの原理が見いだされる
1953	カラーテレビに関する規格の制定
1968	LCD の電気光学効果の発見
1969	日本で初めてのカラーテレビ放送
1980	初めての民生用ビデオカメラ製作
1998	BS ディジタル放送方式策定
1999	地上ディジタル放送方式策定
2018	4k 放送開始

最近の動きについては，表 1.1 に示しているようになっている．

■演習問題■

本書で示す演習問題は，サーベイを含むものであるから，本書内で記述が見当たらない場合もしくは本書内に記述があっても詳しい説明を必要とする場合は各自でサーベイなさるとよい．

問題 1.1　ヤング-ヘルムホルツの 3 原色説について詳しく説明せよ．

問題 1.2　ヘリングの反対色説について詳しく説明せよ．

問題 1.3　版画はどのような目的でつくられてきたのか考察せよ．

問題 1.4　Talbot が見出した塩化銀の感光現象について詳しく説明せよ．

第2章

フーリエ変換

本章では，本書で学ぶ際に必要となってくるフーリエ変換に関わる数学的な内容を取り扱う．第９章において数学的技法としてフーリエ変換が現れるからである．

フーリエ変換はスペクトルを得るために用いられることが多く，画像工学においてはレンズにおける回折，画像のフィルタリング，位相限定相関法など様々な方面で利用される．そのフーリエ変換について説明する．なお，本書では，電気電子工学の分野における流儀として $\sqrt{-1}$ を j とおいている．

ただし，すでにフーリエ変換における数学的な取扱について修得済みの場合は読み飛ばしても構わない．

2.1　1次元のフーリエ変換

1次元のフーリエ変換を説明する際には，時間を軸とする空間と，周波数もしくは角周波数を軸とする空間で考える．たとえば，図2.1(a)のような信号 $f(t)$ があると考える．これは，時間 t を軸とする空間であり，$f(t)$ は図2.1(a)に示すような正弦波をはじめとして，AM変調波，FM変調波，音声などを考えることができる，また，周波数 $f = 1/t$ または角周波数 ω を横軸とする空間ではそのスペクトル $F(\omega)$ を考えることになる．

ところで，時間 t を軸とする空間での信号を $f(t)$（ただし，周期 T の周期関数と仮定する）とし，そのスペクトルを $F(\omega)$ とすれば，次式のような関係が成り立つ．

$$F(\omega) = \int_{-T/2}^{T/2} f(t)\exp(j\omega t)dt \tag{2.1}$$

ここで，$\omega = 2\pi f$，$f = 1/T$ である．

f(t)=1 の場合のフーリエ変換

ここでは

$$f(t) = \begin{cases} 1 & -T/2 \leq t < T/2 \\ 0 & otherwise \end{cases} \tag{2.2}$$

におけるフーリエ変換を求める．

式 (2.1) を用いると

$$\begin{aligned} F(\omega) &= \int_{-T/2}^{T/2} f(t)\exp(j\omega t)dt \\ &= \int_{-T/2}^{T/2} \exp(j\omega t)dt \\ &= \frac{1}{j\omega}\left(\exp(j\omega T/2) - \exp(-j\omega T/2)\right) \\ &= \frac{2j}{j\omega}\frac{\exp(j\omega T/2) - \exp(-j\omega T/2)}{2j} \\ &= \frac{2}{\omega}\sin(\omega T/2) \end{aligned}$$

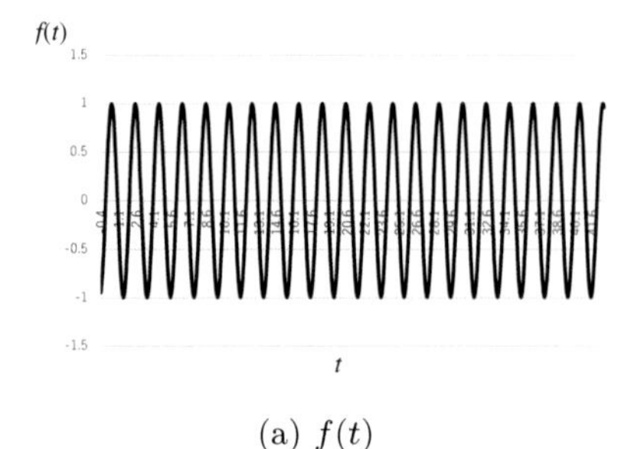

(a) $f(t)$

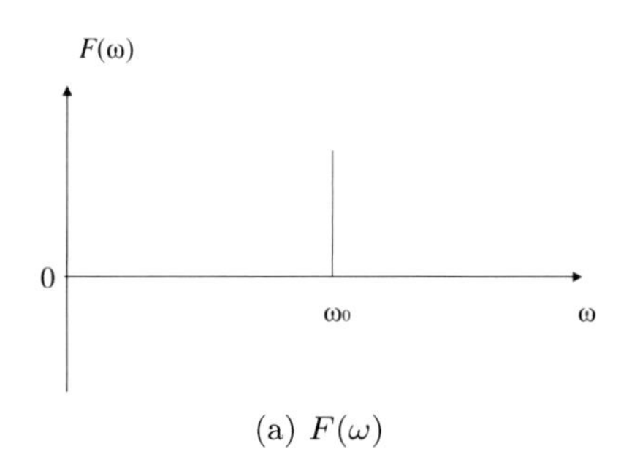

(a) $F(\omega)$

図 2.1　時間軸 t における波形 $f(t)$ と角周波数軸 ω におけるスペクトル $F(\omega)$

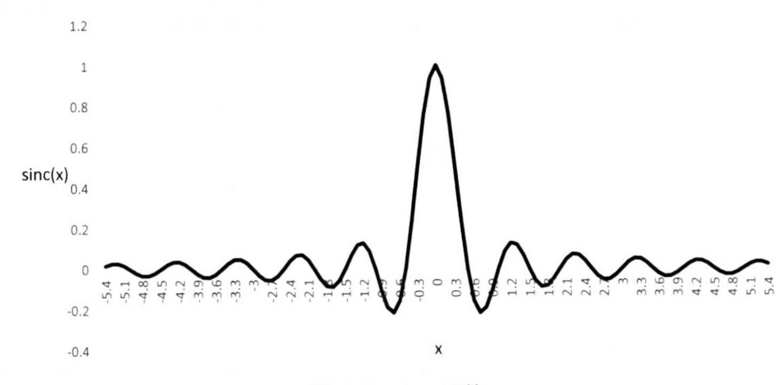

図 2.2　sinc 関数

$$
\begin{aligned}
&= \frac{2}{\omega}\frac{\omega T}{2}\frac{\sin(\omega T/2)}{\omega T/2} \\
&= T\mathrm{sinc}\frac{\omega T}{2} \qquad (2.3)
\end{aligned}
$$

となる．

ここで $\mathrm{sinc}x = \sin x/x$ であり sinc 関数と呼ばれ，図 2.2 のような概形となる．この sinc 関数は $x \to 0$ のとき $\mathrm{sinc}0 = 1$ となり，それ以外の x においては非常に少ない値を取る．このことは，後に 9.1 節にて説明することではあるが，「日差しの強い日にレンズに太陽光を入射させ，レンズの焦点に紙をおくと，太陽光が集光され紙が燃えてしまう現象がしばしば見られる.」という事象を説明する上で重要な意味をもつ．

1 次元離散フーリエ変換

実際に画像を解析するためには，時間や周波数に相当する空間座標や空間周波数を離散化（サンプリング）する必要がある．このことから，空間座標に関する変数を n とし，空間周波数に関する変数を μ とすれば，

$$
F(\mu) = \sum_{n=0}^{N-1} f(n) \exp\left(j\frac{n\mu}{N}\right) \qquad (2.4)
$$

となる．逆に，$F(\mu)$ から $f(n)$ を求めることを逆フーリエ変換といい，

$$
f(n) = \frac{1}{N}\sum_{\mu=0}^{N-1} F(\mu) \exp\left(-j\frac{n\mu}{N}\right) \qquad (2.5)
$$

となる．

2.2　2 次元のフーリエ変換

一般的に画像を扱う場合には 2 次元のフーリエ変換を行う．空間座標に関する変数を (m, n) とし，空間周波数に関する座標を (μ, ν) と考えると，フーリエ変換を，

$$F(\mu,\nu)=\sum_{m=0}^{N-1}\sum_{n=0}^{N-1}f(m,n)\exp\left(j\frac{(m\mu+n\nu)}{N}\right) \tag{2.6}$$

とおき，逆フーリエ変換を，

$$f(m,n)=\frac{1}{N^2}\sum_{\mu=0}^{N-1}\sum_{\nu=0}^{N-1}F(\mu,\nu)\exp\left(-j\frac{(m\mu+n\nu)}{N}\right) \tag{2.7}$$

とすればよい．

2.3　フーリエ変換の性質

ここでは，1次元のフーリエ変換における画像に関して重要な性質を示しておく．2次元についてはこれを拡張したものと考えて差し支えない．なお，$f(t)$ のフーリエ変換を $F(\omega)$ とおく．

時間軸の伸縮

時間軸を a 倍に伸縮した場合は

$$f(at) \quad \rightleftharpoons \quad \frac{1}{a}F\left(\frac{\omega}{a}\right) \tag{2.8}$$

の関係が得られ，周波数軸は $1/a$ 倍に伸縮する．

このことを実際に示す．

式(2.1)を用いて，$x=at$ と置くと $dx=adt$ なので

$$\begin{aligned}\int_{-T/2}^{T/2}f(at)\exp(j\omega x)dt &= \frac{1}{a}\int_{-T/2}^{T/2}f(x)\exp(j\omega x/a)dx\\ &= \frac{1}{a}\int_{-T/2}^{T/2}f(x)\exp\left(\frac{j\omega}{x}x\right)dx\\ &= \frac{1}{a}F\left(\frac{\omega}{a}\right)\end{aligned} \tag{2.9}$$

となる．ここで $t_1=at$ とおくと，$dt_1=adt$ となるので，

$$F(\omega/a)=\frac{1}{a}\int_{-T/2a}^{T/2a}f(t_1)\exp(j\omega t_1)dt_1 \tag{2.10}$$

となることから，式(2.8)が示されたことになる．

時間軸と周波数軸の推移

時間軸 t を $t-t_0$ と推移した場合は

$$f(t-t_0) \quad \rightleftharpoons \quad F(\omega)e^{-j\omega t_0} \tag{2.11}$$

の関係が得られ，周波数軸 ω を $\omega-\omega_0$ と推移すると

$$f(t)e^{j\omega_0 t} \quad \rightleftharpoons \quad F(\omega-\omega_0) \tag{2.12}$$

の関係が得られる.

まず，式 (2.11) についてを示す．式 (2.1) を用いて，$x = t - t_0$ と置くと $dx = dt$ なので

$$\begin{aligned}
\int_{-T/2}^{T/2} f(t - t_0) \exp(j\omega t) dt &= \int_{-T/2}^{T/2} f(x) \exp(j\omega(x - t_0)) dx \\
&= e^{-j\omega t_0} \int_{-T/2}^{T/2} f(x) e^{j\omega x} dx \\
&= F(\omega) e^{-j\omega t_0} \qquad (2.13)
\end{aligned}$$

となることから，式 (2.11) が示せたことになる.

つぎに，式 (2.12) についてを示す．式 (2.1) を用いて，$\omega_x = \omega - \omega_0$ と置くと $d\omega_x = d\omega$ なので

$$\begin{aligned}
\int_{-T/2}^{T/2} f(t) e^{j\omega_0 t} \exp(j\omega t) dt &= \int_{-T/2}^{T/2} f(t) e^{j(\omega - \omega_0)t} dt \\
&= \int_{-T/2}^{T/2} f(t) e^{j\omega_x t} dt \\
&= F(\omega_x) \\
&= F(\omega - \omega_0) \qquad (2.14)
\end{aligned}$$

となることから，式 (2.12) が示せたことになる.

たたみ込み

$$h(t) = \int_{T/2}^{T/2} f(\tau) g(t - \tau) d\tau \qquad (2.15)$$

のフーリエ変換は,

$$H(\omega) = F(\omega) \cdot G(\omega) \qquad (2.16)$$

となる.

式 (2.15) の両辺をフーリエ変換する．ここで，$t_1 = t - \tau$ とする.

$$\begin{aligned}
\int_{-T/2}^{T/2} h(t) \exp(j\omega t) dt &= \int_{-T/2}^{T/2} \int_{T/2}^{T/2} f(\tau) g(t - \tau) d\tau e^{j\omega t} dt \\
&= \int_{-T/2}^{T/2} \int_{T/2}^{T/2} f(\tau) g(t - \tau) d\tau e^{j\omega(t-\tau)} e^{j\omega\tau} dt \\
&= \int_{-T/2}^{T/2} \int_{T/2}^{T/2} f(\tau) g(t_1) d\tau e^{j\omega t_1} e^{j\omega\tau)} dt_1 \\
&= \int_{-T/2}^{T/2} f(\tau) e^{j\omega\tau)} d\tau \int_{T/2}^{T/2} g(t_1) e^{j\omega t_1} dt_1 \\
&= F(\omega) \cdot G(\omega) \qquad (2.17)
\end{aligned}$$

となることから，式 (2.15) のフーリエ変換は式 (2.16) であることが示された.

相関

$$h(t) = \int f(\tau)g(\tau - t)d\tau \tag{2.18}$$

のフーリエ変換は,

$$H(\omega) = F(\omega) \cdot G^*(\omega) \tag{2.19}$$

となる．ここで，$G^*(\omega)$ は $G(\omega)$ の共役複素数[1]である．

ここで，式 (2.18) の両辺をフーリエ変換する．ここで，$t_1 = t - \tau$ とする．

$$\begin{aligned}
\int_{-T/2}^{T/2} h(t)\exp(j\omega t)dt &= \int_{-T/2}^{T/2}\int_{T/2}^{T/2} f(\tau)g(\tau - t)d\tau e^{j\omega t}dt \\
&= \int_{-T/2}^{T/2}\int_{T/2}^{T/2} f(\tau)g(\tau - t)d\tau e^{-j\omega(\tau - t)}e^{j\omega\tau}dt \\
&= \int_{-T/2}^{T/2}\int_{T/2}^{T/2} f(\tau)g(t_1)d\tau e^{-j\omega t_1}e^{j\omega\tau}dt_1 \\
&= \int_{-T/2}^{T/2} f(\tau)e^{j\omega\tau)}d\tau \int_{T/2}^{T/2} g(t_1)e^{-j\omega t_1}dt_1 \\
&= F(\omega) \cdot G^*(\omega)
\end{aligned} \tag{2.20}$$

このことから，式 (2.18) のフーリエ変換は式 (2.19) であることが示された．

もし，$f(t)$ と $g(t)$ とが同じ関数であるときの相関は，自己相関といい，そのフーリエ変換は $F(\omega) \cdot F^*(\omega) = |F(\omega)|^2$ となることからパワースペクトルということがある．

2.4　計算機上でのフーリエ変換

計算機でフーリエ変換を行う場合には，標本点数 N が 2^k（k は整数）であるとき，高速フーリエ変換を使って計算する [16]．そうすることによって，計算時間を大幅に短縮することができる．なお，2 次元のフーリエ変換の計算においては，まず縦軸方向に 1 軸ずつ高速フーリエ変換を行った後，横軸方向に 1 軸ずつ高速フーリエ変換を行えばよい．

もし，$x(t)$ が周期 T による周期関数である場合，$x(t)$ のフーリエ級数展開式は，次式のように表される．

$$x(t) = \sum_{k=-\infty}^{\infty} C_k e^{j\omega t} \tag{2.21}$$

ただし，ω は,

$$\omega = \frac{2\pi}{T} \tag{2.22}$$

である．また，フーリエ係数 C_k は,

1　たとえば，$\sqrt{-1} = j$ として，$a + jb$ という複素数があったとすれば，その共役複素数は $a - jb$ となる．

$$C_k = \frac{1}{T}\int_{-T/2}^{T/2} x(t)e^{-jk\omega t}dt \tag{2.23}$$

である．いま，図 2.3 に示すように，$x(t)$ が等間隔 τ でサンプリングされた N 個のサンプリングデータで与えられている場合を考える．

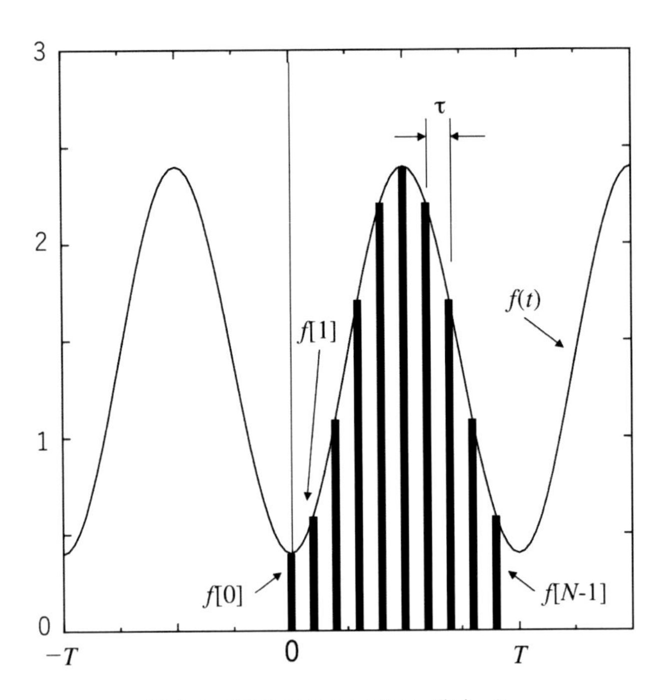

図 2.3 周期信号のサンプリングデータ

基本区間を $[0, T]$ とすると，サンプリング点は，

$$t_i = i\tau = \frac{iT}{N} \qquad (i = 0, 1, 2, \cdots, N-1) \tag{2.24}$$

と書くことができ[2]，サンプリングデータは

$$x[i] = x\left(\frac{iT}{N}\right) \qquad (i = 0, 1, 2, \cdots, N-1) \tag{2.25}$$

である．ところで，離散化された $x[i]$ に対して，式 (2.23) の積分は，次式のような積和の形式で書くことができる．

$$C_k = \frac{1}{T}\sum_{i=0}^{N-1} x[i]e^{-jk\omega t_i}\tau = \frac{1}{N}\sum_{i=0}^{N-1} x[i]e^{-j\frac{2\pi}{N}ki} \tag{2.26}$$

この式 (2.26) を離散フーリエ変換と呼ぶ．ここで，連続信号に対するフーリエ係数が無限に発生するにもかかわらず，離散フーリエ変換ではデータの個数は N 個であることに注意する必要がある．

実際には，式 (2.26) から無限個の C_k が計算できるが，後述のような周期性により，データの

2 $\omega t_i = \frac{2\pi}{T}\cdot i\frac{T}{N} = \frac{2\pi i}{N}$ $\tau = \frac{T}{N}$ を用いる．

個数は N 個で十分であると言える．式 (2.26) の逆変換は，式 (2.21) を直接離散化すればよく，

$$x[i] = \sum_{i=0}^{N-1} C_k e^{j\frac{2\pi}{N}ki} \qquad (i = 0, 1, 2, \cdots, N-1) \tag{2.27}$$

を離散フーリエ逆変換 (Inverse Discrete Fourier Transform: IDFT) と呼ばれる．これも積和の個数は N 個である．

ところで，式 (2.26) には $1/N$ があるが，式 (2.27) には $1/N$ が付いていない．この式 (2.26) の $1/N$ は N の増加とともに C_k の値が大きくなることを避けるために必要なものである[3]．続いて，DFT を計算する場合には，ここまで指数関数での表記をしたが，三角関数による表記を考える．オイラーの公式[4]を用いると，式 (2.26) は，

$$\begin{aligned} C_k &= \frac{1}{N}\sum_{i=0}^{N-1} x[i]\left\{\cos\frac{2\pi}{N}ki - j\sin\frac{2\pi}{N}ki\right\} \\ &= A_k + B_k \end{aligned} \tag{2.28}$$

と書くことができる．ここで，

$$A_k = \frac{1}{N}\sum_{i=0}^{N-1} x[i]\cos\frac{2\pi}{N}ki \tag{2.29}$$

$$B_k = -\frac{1}{N}\sum_{i=0}^{N-1} x[i]\sin\frac{2\pi}{N}ki \tag{2.30}$$

である．これを用いて，IDFT は式 (2.27) より，以下のように書くことができる．

$$x[i] = \sum_{i=0}^{N-1} C_k e^{j\frac{2\pi}{N}ki} \tag{2.31}$$

$$= \sum_{i=0}^{N-1} (A_k + jB_k)\left(\cos\frac{2\pi}{N}ki + j\sin\frac{2\pi}{N}ki\right) \tag{2.32}$$

$$\begin{aligned} &= \sum_{i=0}^{N-1}\left(A_k\cos\frac{2\pi}{N}ki + B_k\sin\frac{2\pi}{N}ki\right) \\ &\quad +j\sum_{i=0}^{N-1}\left(A_k\sin\frac{2\pi}{N}ki + B_k\cos\frac{2\pi}{N}ki\right) \end{aligned} \tag{2.33}$$

$$= \sum_{i=0}^{N-1}\left(A_k\cos\frac{2\pi}{N}ki + B_k\sin\frac{2\pi}{N}ki\right) \tag{2.34}$$

なお，以下のように式 (2.33) の虚部は，つねに 0 となる．

$$\sum_{i=0}^{N-1}\left(A_k\sin\frac{2\pi}{N}ki + B_k\cos\frac{2\pi}{N}ki\right)$$

3　式 (2.26) に $1/N$ がついておらず，式 (2.27) に $1/N$ が付いていてもよい．また，式 (2.26) に $1/\sqrt{N}$ がついていて，式 (2.27) にも $1/\sqrt{N}$ が付いていてもよいのである．

4　オイラーの公式は $e^{j\theta} = \cos\theta + j\sin\theta$ と書くことができる．

$$
\begin{aligned}
&= \sum_{i=0}^{N-1}\left(\sum_{i=0}^{N-1} x[i](\cos\frac{2\pi}{N}ki\sin\frac{2\pi}{N}ki - \sin\frac{2\pi}{N}ki\cos\frac{2\pi}{N}ki\right) \\
&= 0 \qquad (2.35)
\end{aligned}
$$

2.5　離散フーリエ変換の特徴

離散フーリエ変換（DFT）によって得られた結果（FFT であっても結果は同じ）を理解する上で，解析的に得られるフーリエ係数の厳密解と，離散フーリエ変換によって得られた結果との差異を把握することが目的である．

2.5.1　スペクトルの周期性

式 (2.26) より，N 個シフトしたフーリエ係数は，

$$
\begin{aligned}
C_{k+N} &= \frac{1}{T}\sum_{i=0}^{N-1} x[i]e^{-j\frac{2\pi}{N}(k+N)i} \\
&= \frac{1}{T}\sum_{i=0}^{N-1} x[i]e^{-j\frac{2\pi}{N}ki}e^{-2j\pi i} \\
&= \frac{1}{T}\sum_{i=0}^{N-1} x[i]e^{-j\frac{2\pi}{N}ki} \\
&= C_k \qquad (2.36)
\end{aligned}
$$

となるので，DFT によって得られるフーリエ係数は N の周期を持っている，ということができる．このことから，C_k は無限個計算することが可能であるが，それらは $k = 0 \sim N-1$ のいずれかと一致するので，データ数と同じ N 個だけ計算すればよいのである．

2.5.2　スペクトルの対称性

式 (2.26) より，DFT における負の次数 ($k = -1, -2, -3, \cdots$) のスペクトル（フーリエ係数）は，$N = 8$ であるとき，$k = 7, 6, 5, \cdots$ に現れる．このことを一般式で示すと，

$$
\begin{aligned}
C_{N-k} &= \frac{1}{T}\sum_{i=0}^{N-1} x[i]e^{-j\frac{2\pi}{N}(N-k)i} \\
&= \frac{1}{T}\sum_{i=0}^{N-1} x[i]e^{-j\frac{2\pi}{N}(-k)i}e^{-2j\pi i} \\
&= \frac{1}{T}\sum_{i=0}^{N-1} x[i]e^{-j\frac{2\pi}{N}(-k)i} \\
&= C_{-k} \qquad (2.37)
\end{aligned}
$$

となるので，DFT によって得られるフーリエ係数 C_k の実数部については $k = 0$ を中心に，左右対称だり，虚数部については $k = 0$ を中心に点対称であることがわかる．

2.5.3　DFT の計算例

ここでは，実際に図 2.4 に示すような方形波に対して DFT を用いた計算を行う．DFT を用いる場合には，サンプリングを行う区間に $[-T/2, T/2]$ ではなく $[0, T]$ の領域を考えるものとする．また，不連続点では 2 点間の中心値を用いることとする．ここで，$N = 8$ のときのサンプリングデータは，次式のようになる．

$$x[i] = \{1, 1, 0.5, 0, 0, 0, 0.5, 1\} \tag{2.38}$$

ここで，式 (2.34) により A_k，B_k を求めると，$x[t]$ は偶関数であることより，実数部だけ取ると考えることができる．

その結果について，解析解であれば，

$$C_k = \frac{t_w}{T}\mathrm{sinc}\left(k\pi\frac{t_w}{T}\right) \tag{2.39}$$

となるが，$t_w/T = 0.5$ として求めることができる．なお，本章では τ をサンプリング間隔，t_w をパルス幅の記号としている．

このように，DFT の結果は図 2.5 のようになるが，$k = N/2$ を中心に左右対称となり，A_5，A_6，A_7 は解析解の C_{-1}，C_{-2}，C_{-3} に相当していることがわかる．すなわち，解析解と比較可能であるのは，$k = 0 \sim N/2$ に対してだけである．

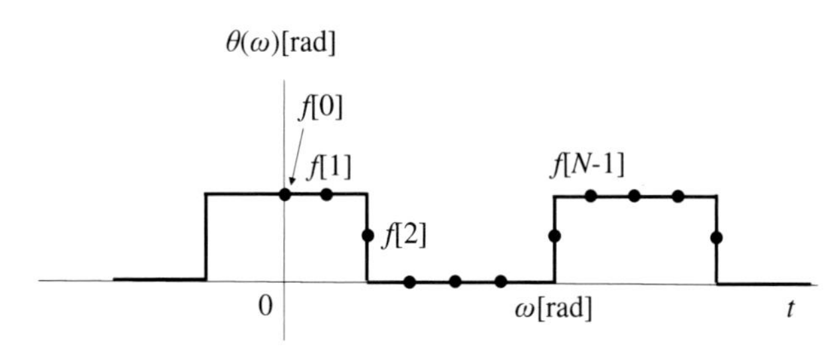

図 2.4　DFT を行うためのデータの取り方

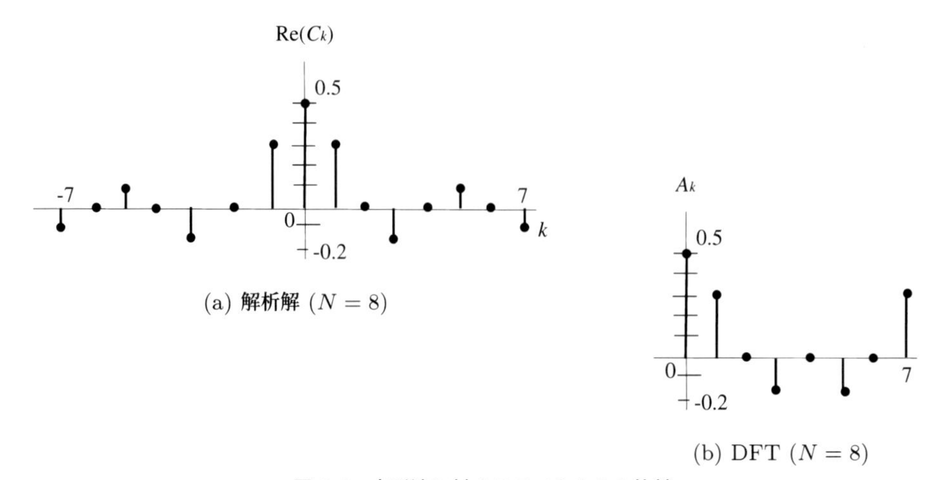

図 2.5　方形波に対するスペクトルの比較

このように少ないサンプリング点数から成り立つサンプリングデータに対してでも，直流分は完全に一致し，基本は成分も一致していることがわかる．一般的に，$N/2$ に近くなるほど誤差が大きくなる．

■演習問題■

問題 2.1　$G^*(\omega) = \int_{T/2}^{T/2} g(t)e^{-j\omega t}dt$ であることを示せ．ただし $G^*(\omega)$ は $G(\omega)$ の共役複素数であるものとする．

問題 2.2　4 点データ $x[0] = 1$，$x[1] = 1$，$x[2] = 0$，$x[3] = 1$ に関する 4 点 DFT を求めよ．

問題 2.3　$x(n) = \sin(\omega_c n)$ の DFT を $0 \leq k < N$ の範囲で求めよ．ただし，$\omega_c = 6\pi/N$，$N > 3$ とする．

第3章

半導体素子

本章では，画像を入力するためのデバイス [2] を説明する上で基礎となる半導体素子について説明する．半導体素子とはダイオードやトランジスタなど半導体によってつくられた素子であり，本章では半導体における電気伝導をはじめ，PN 接合による順方向ならびに逆方向の電気伝導など，基礎的な動作について説明する．すでに半導体や電子回路 [3] に関する知識があるのであれば，本章については読みとばしてもよいであろう．

3.1　半導体とは何か？

金属のように電流の流れやすい物質を導体といい，ガラスやゴムなど電流が流れにくいものを絶縁体という．半導体は，導体と絶縁体との中間的な電気伝導度（電流の流れやすさ）を持った物質である．トランジスタに用いられる材料であるシリコン (Si) やゲルマニウム (Ge) は半導体の一種である．

ところで，シリコンやゲルマニウムは図 3.1 に示すような周期律表における IV 族元素であるため，図 3.2 に示すように，共有結合（Si をつなげる 2 つの手のようなもので図 3.2 において破線で囲んだ部分のことをいう）になっていて，自由電子（自由に動き回ることのできる電子）は非常に少ない．このため，シリコンやゲルマニウムだけでは（不純物が含まれていないと）電気伝導度は非常に低いため，電気伝導度を上げるために不純物（周期律表でいうところの III 族元素や V 族元素）を混ぜる．不純物を混ぜることをドーピングという[1]．P 型半導体（p とは positive のことである）は図 3.3 に示すように Si に III 族元素のアルミニウム (Al) やガリウム (Ga) やインジウム (In) などを混入させることによってつくられたものである．そうすると，結合部分に自由電子のないところ（すなわち正の電荷をもった正孔）をつくられることで，電気伝導度を上げてやることができるようになる．また，N 型半導体（n は negative のことである）は図 3.4 に示すように Si に V 族元素のリン (P) やヒ素 (As) やアンチモン (Sb) などを混入させることによってつくられたものである．このように，結合部分に過剰な自由電子（負の電荷をもつ）をつくることで，電気伝導度を上げてやることになる．

このような，p 型半導体と，n 型半導体とを組み合わせることによって，ダイオードやトランジスタなどの半導体素子を作ることができる[2]．

	1	**2**	**3**	**4**	**5**	**6**	**7**	**8**	**9**	**10**	**11**	**12**	**13**	**14**	**15**	**16**	**17**	**18**
1	H																	He
2	Li	Be											B	C	N	O	F	Ne
3	Na	Mg											Al	Si	P	S	Cl	Ar
4	K	Ca	Sc	Ti	V	Cr	Mn	Fe	Co	Ni	Cu	Zn	Ga	Ge	As	Se	Br	Kr
5	Rb	Sr	Y	Zr	Nb	Mo	Tc	Ru	Rh	Pd	Ag	Cd	In	Sn	Sb	Te	I	Xe
6	Cs	Ba	**L**	Hf	Ta	W	Re	Os	Ir	Pt	Au	Hg	Tl	Pb	Bi	Po	At	Rn
7	Fr	Ra	**A**	Rf	Db	Sg	Bh	Hs	Mt	Ds	Rg	Cn	Nh	Fl	Mc	Lv	Ts	Og

L	La	Ce	Pr	Nd	Pm	Sm	Eu	Gd	Tb	Dy	Ho	Er	Tm	Yb	Lu
A	Ac	Th	Pa	U	Np	Pu	Am	Cm	Bk	Cf	Es	Fm	Md	No	Lr

図 3.1　周期律表の一部

1　スポーツで話題となるドーピングは使用が禁止されている物質を体内に注入することである．

2　余談ではあるがエサキダイオードは，江崎玲於奈博士が発明したものであるといわれている．これはマイクロ波（300MHz 以上の周波数の電磁波）を発振するためのトランジスタを作った際に N 型半導体の不純物として混入するリン (P) の量を間違えたことが発明の発端となっているといわれている．

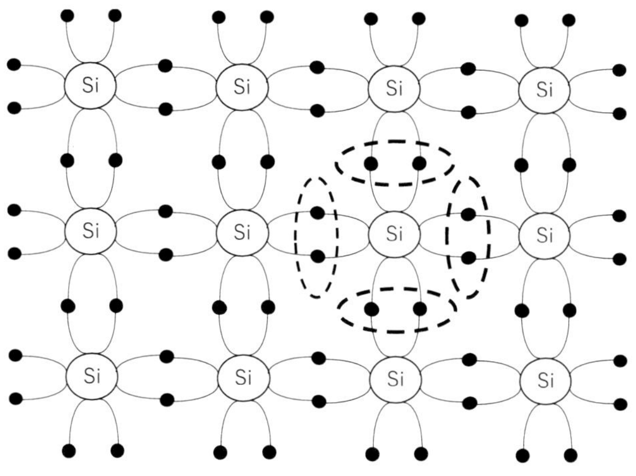

図 3.2 共有結合

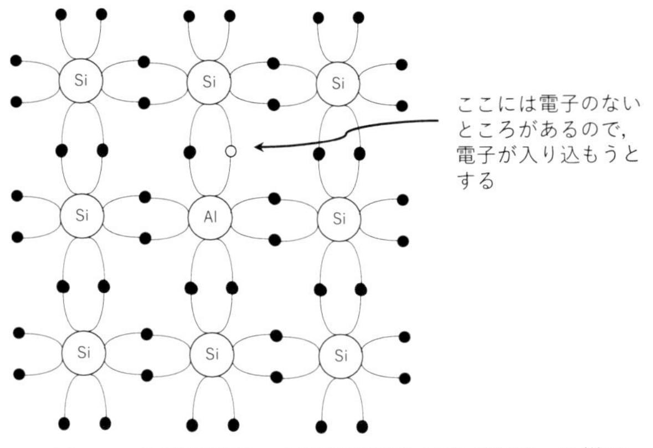

図 3.3 P 型半導体における不純物 (Al) が混じった様子

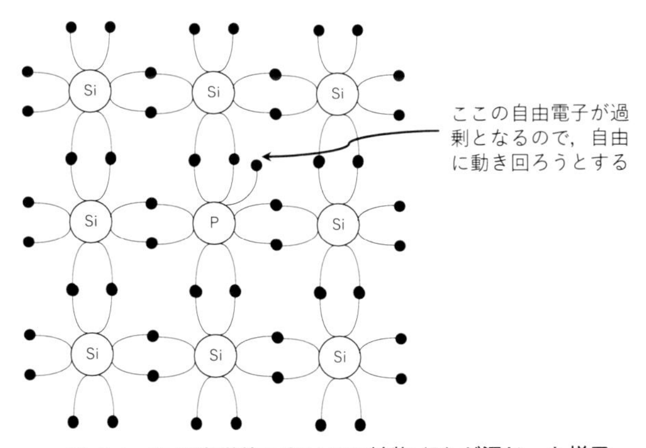

図 3.4 N 型半導体における不純物 (P) が混じった様子

3.2 PN 接合ダイオード

ダイオードはP型半導体とN型半導体を接合させることによってつくられている．このP型半導体とN型半導体との接合をPN接合という．電気伝導特性は，図3.5に示されるようになっていて，P型半導体側に直流電源の＋（プラス）電極を，N型半導体側に直流電源の－（マイナス）電極をつないでいると，電流が流れるようになる．このようなPN接合に対する直流電源のつなぎ方を順方向バイアスという．ところで，バイアスとはダイオードやトランジスタを正しく動作させるために加える直流電圧のことである．逆に，P型半導体側に直流電源の－（マイナス）電極を，N型半導体側に直流電源＋（プラス）の電極をつないでいだ場合には，電流はほとんど流れない．このようなPN接合に対する直流電源のつなぎ方を逆方向バイアスという．

図3.5はPN接合ダイオードにおける電圧と電流の特性を示したものである．このように，+0.6 [V] あたりから急に電流が流れるようになっているが，直流電源を逆向きにつないだ場合には，電流は流れない．この性質を利用して図3.6のような整流回路（交流を直流に変換する回路）をつくることができる．なお，図3.6のような整流回路では右側の整流された波形は入力のマイナス部分が削り取られたものである．これ自体は直流であるが，実用に供するためには出力がフラットな直流になること，すなわち平滑化をしなければならない．その回路は複雑であるのでここでは省略する．

3.3 バイポーラトランジスタ

ゲルマニウムあるいはシリコンの結晶を図3.7に示すように，p型–n型–p型に組み合わせた

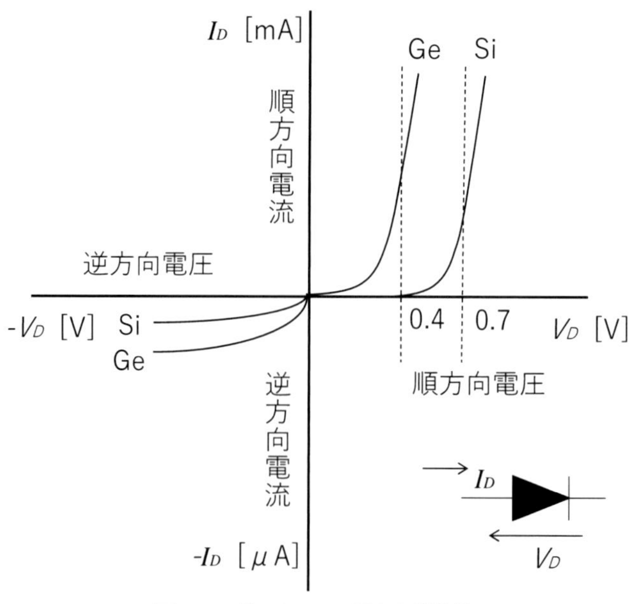

図3.5　ダイオードの電気伝導特性

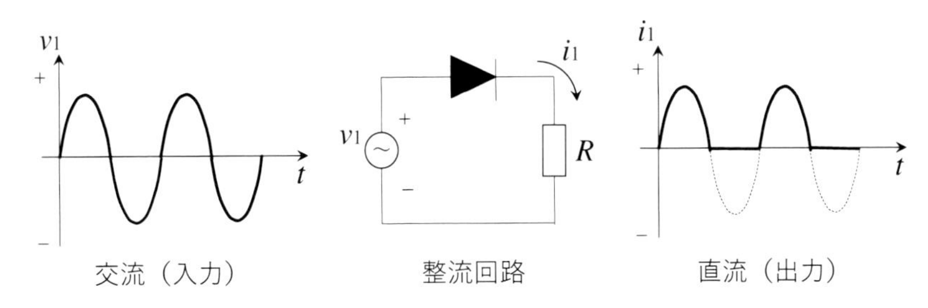

図 3.6　ダイオードによる整流回路

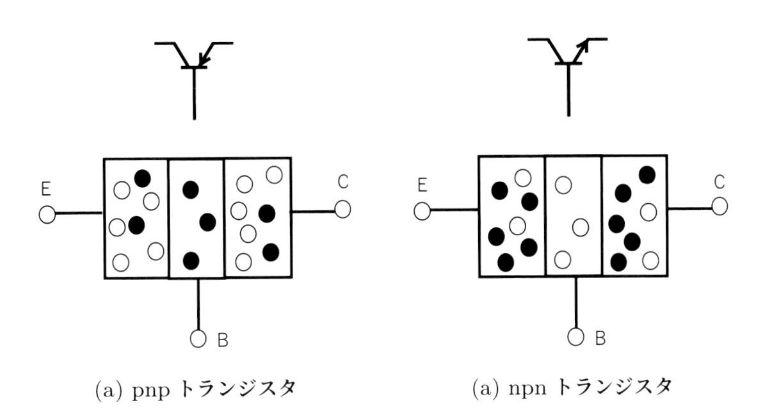

図 3.7　バイポーラトランジスタの図記号と構造（上のほうがトランジスタの図記号であり，下のほうがその構造となっている．○は p 型半導体におけるキャリアで正孔，●は n 型半導体における多数キャリアで自由電子である．npn 型ではコレクタからエミッタに正孔が流れることで電気伝導が行われ，pnp 型ではコレクタからエミッタに自由電子が流れることで電気伝導が行われる）

ものが pnp トランジスタという．そのトランジスタの形状は図 3.8 に示されるように 3 つの電極（3 本の導線が生えてきているように見える）があることがわかる．それを図記号に表すと図 3.7 に示すようになり，端子 E はエミッタ，端子 B はベース，端子 C はコレクタとなっている．また，n 型–p 型–n 型に組み合わせたものが npn トランジスタといい，p 型–n 型–p 型に組み合わせたものが pnp トランジスタという．ここで，端子 E はエミッタ，端子 B はベース，端子 C はコレクタという．

トランジスタの役割を簡単に述べると，エミッタとコレクタとの間に電流を流すためのスイッチみたいな役割を持つものである．そのスイッチとなるのはベースとエミッタとの間にかかる電圧であり，ベースとエミッタとの間におよそ 0.7 [V] 以上の電圧がかかると，エミッタとコレクタとの間に電流が流れるようになるのである．

ところで，このトランジスタを動作させるには，2 つの pn 接合に以下のような条件でバイアス（動作させるための直流電圧）を与える．

- E–B 間の pn 接合は順方向バイアス
- B–C 間の pn 接合は逆方向バイアス

このようなつなぎ方でトランジスタがなぜ動くかを説明する．図 3.9 は pnp トランジスタの

図 3.8　バイポーラトランジスタの外観

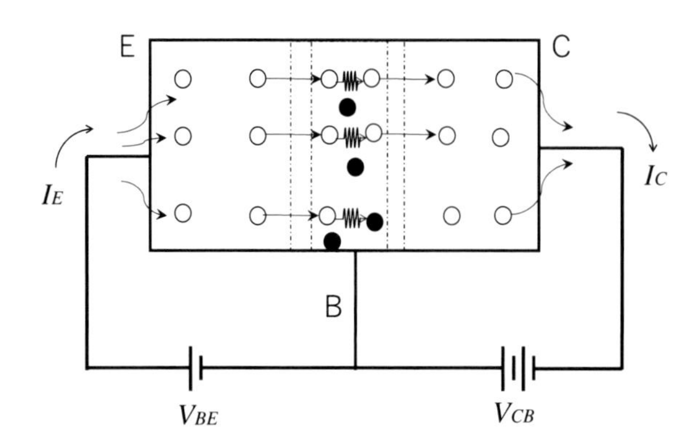

図 3.9　pnp トランジスタの電気伝導（コレクタからエミッタに正孔（○）が流れる様子が描かれている．コレクタに正孔（○）が注入され，それがベースに到達する．ベースでは，多数キャリアが自由電子（●）であるために，拡散の効果によって正孔はエミッタに到達する．すなわち，正孔の濃度は，コレクタとベースとの境界が一番濃いのに対して，ベースとエミッタとの間のところでは最もうすくなっている．したがって，正孔は濃いところからうすいところに流れていくことになるが，この現象を拡散という．エミッタの右側の部分には自由電子が注入されるので，正孔と自由電子が結合しようとするために，正孔が加速されてうごくことから，正孔のほとんどはエミッタの電極のほうまで進むことになる．図中の矢印の向きは電流の流れる方向である）

キャリア（電子とホール）の動きであるが，E–B 間では順方向であるから順方向でのキャリアの移動が行われる．エミッタから流れ込む電流をエミッタ電流といい，I_E と表す．キャリアがエミッタからベースに到達し，ベース内では拡散現象（キャリアがベースの中で拡がっていく）により，ほとんどのキャリアがコレクタに到達し，B–C 間が逆方向バイアスでもキャリアは加速されてコレクタ電極に到達する．ここでコレクタに到達した電流をコレクタ電流 I_C とすると，エミッタ電流 I_E との間には，以下の関係が成り立つ．

$$I_E = I_B + I_C \tag{3.1}$$

エミッタ電流 (I_E) =ベース電流 (I_B) +コレクタ電流 (I_C)

$$I_C = \alpha_0 I_E \tag{3.2}$$

エミッタ電流 (I_E) =ベース接地電流増幅率 (α) ×コレクタ電流 (I_C)

ここで，I_B はベース電流，α_0 はベース接地電流増幅率という定数である．ほとんどのトランジスタでは $0.95 < \alpha_0 < 1.0$ であり，限りなく 1 に近くなる．このように $0.95 < \alpha_0 < 1.0$ であれば，エミッタに流れ込んだキャリア（ここでは電子のことをいう）のほとんどはコレクタに到達するということができる．

3.4 J-FET

J-FET とは接合型電界効果トランジスタ（Junction Field Effect Transistor）のことをいう．構造図は図 3.10 に示されるようになっている．このように，ソース電極（S）とドレイン電極（D）を持つ n 型半導体からなる薄い層があるが，この層は n チャネルと呼ばれる．また，2 つの p 型半導体を接合させて電極を結び，この電極はゲート（G）と呼ばれている．

この J-FET の原理図は，図 3.11 のように示される．まず，ゲートとソースの間は逆方向のバイアス（動作させるための直流電圧）V_{GS} をかける．このことによって，ゲートの p 型半導体と n チャネルとの間に空乏層[3]が形成される．ドレインからソースにかけて流れる電流，すなわち，ドレイン電流 I_D は n チャネルの部分を通り抜けていく．

ところで，V_{DS} を一定に保っている場合，V_{GS} の大きさが大きくなればなるほど，空乏層は

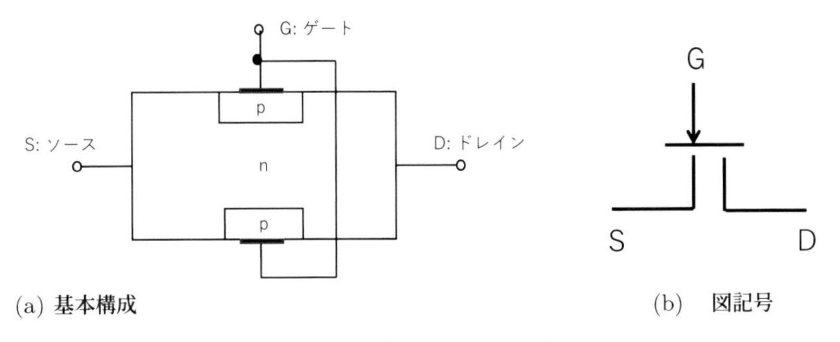

(a) 基本構成　　(b) 図記号

図 3.10 J-FET の構造

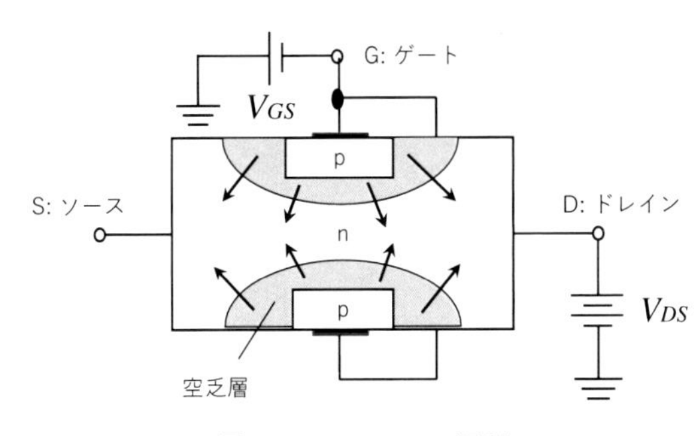

図 3.11 J-FET の原理

3　角度や角速度を計測するためのセンサである．もともと，船や航空機などの自律航行に用いられてきたものだが，最近では，カーナビゲーションにおける車の角度計測やディジタルカメラにおける手ぶれ防止機能にも用いられるようになった．

広がってくる性質がある．もし，この空乏層が拡がって n チャネルを塞いでしまった場合にはドレイン電流 I_D は流れなくなる．この $I_D = 0$ となる V_{GS} のことをピンチオフ電圧といい，V_{GS} はピンチオフ電圧以下の大きさの範囲で運用することになっている．

このJ-FETではゲートからは電流がほとんど流れず，ドレイン電流をゲート電圧によって制御できるという性質がある．

3.5　MOS-FET

MOS-FET の MOS とは金属（Metal の M），酸化物（Oxide の O），半導体（Semiconductor の S）の略で，MOS-FET はこれらの 3 つの層から構成されている．その構成図は図 3.12 に示されるとおりである．

このように，p 型基板があって，ソースとドレインは n 型半導体でドーピングを多くしたもので構成され，これを n+ と書く．また，ゲートについては電極と p 型基板の間に酸化膜（二酸化ケイ素：SiO2）が挟まった形状となっている．

ここで，ゲートに電圧を加えないときは，ソースとドレインの間は n-p-n となっている．この場合だと，ドレインに+，ソースに−のバイアスを与えた場合，すなわち，ソースとドレインとの間に電圧を加えても電流は流れない．しかし，ゲートに+となるようなバイアスを加えると，二酸化ケイ素で出来た酸化膜（これは絶縁体としての性質を示す）を通じて，p 型基板の部分のソースとドレインとの間に薄い n 型半導体の層が形成される．これを n チャネルと呼び，n チャネルが形成された場合には，ドレインからソースに電流が流れるようになるのである．

この MOS-FET の場合でも，ゲートの部分には絶縁膜があることから，ゲート電流はほとんど流れない．このため，図 3.13 に示すように，ゲート電圧によって n チャネルの大きさを変えることでドレイン電流を制御できる仕組みとなっているのである．

バイポーラトランジスタは，動作の主体に電子と正孔との両方があるので，動作の主体が 2 つということからバイポーラ（バイとは 2 のことを意味する）と呼ばれている．ところが，FET の場合には，J-FET の場合であれ，MOS-FET の場合であれ，動作の主体となるキャリアは単

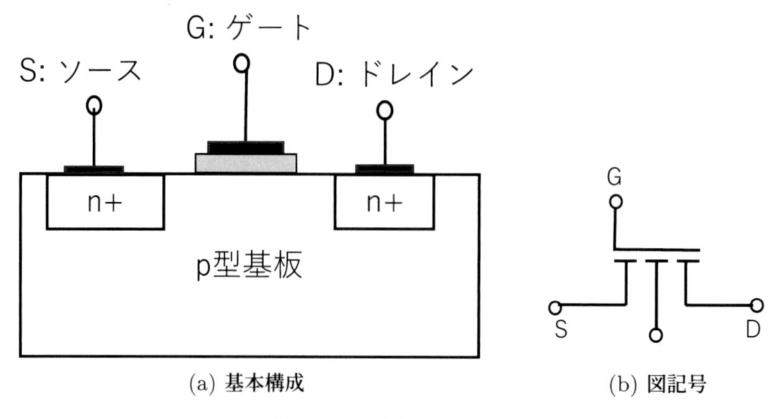

(a) 基本構成　(b) 図記号

図 3.12　MOS-FET の構造

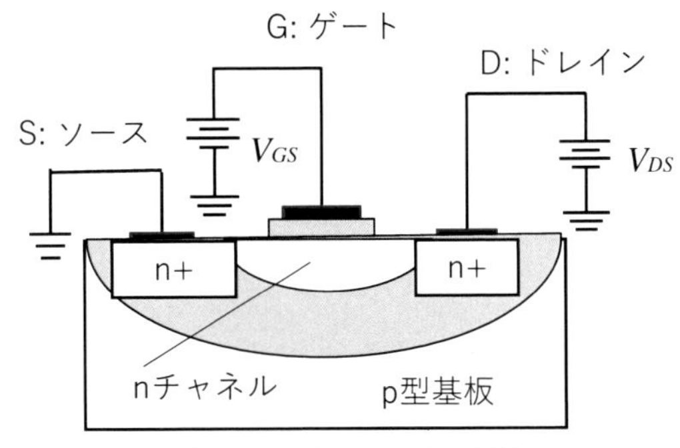

図 3.13　MOS-FET の原理

一なので，ユニポーラトランジスタ（ユニは 1 つという意味）と呼ばれる．また，バイポーラトランジスタはエミッタ電流をベース電流で制御する電流制御方式であるのに対して，ユニポーラトランジスタはゲート電圧によってドレイン電流を制御する電圧制御方式がとられるといった違いがあるといえる．

■演習問題■

問題 3.1　半導体素子の基板材料として用いられる物質に Si や Ge が用いられる理由を説明せよ．

問題 3.2　MOS-FET の消費電力がバイポーラトランジスタより小さい理由を説明せよ．

問題 3.3　図 3.5 を利用して，2 進数を扱うディジタル回路に半導体素子が用いられる理由を考察せよ．

第4章

画像入力デバイス

本章では，画像を入力するためのデバイス [2] として，カメラ，スキャナについて説明する．その中で，撮像素子であるCCD，CMOS，銀塩フィルムなどについても説明する．なお，CCD，CMOSなどの理解を助けるために半導体素子に関する基礎知識についても説明するが，すでに半導体や電子回路 [3] に関する知識があるのであれば読みとばしてもよいであろう．

4.1　カメラ

カメラは，どのような種類であっても，基本的に結像光学系と撮像素子から構成される．結像光学系においては，その光学系[1]が固定焦点レンズとなるかズームレンズとなるかの差異があると考えてもよい．また，撮像素子については，CCD であるか，CMOS であるか，写真フィルムであるか，撮像管であるかの違いによるものと考えてよい．

4.1.1　カメラの結像光学系

図 4.1 にカメラの構造図を示している．図 4.1(a) は固定焦点レンズを利用したカメラの構造図であり，レンズから撮像素子までの距離が一定となっていることから，カメラから被写体までの焦点距離は一定となる．ただ，焦点から離れたところであってもピントがぼけにくいのは，レンズの組み合わせで視覚的にぼけがわからないように光学系を組み合わせているためである．図 4.1(b) はズームレンズを用いた場合のカメラの構造図である．図中の左右に動くレンズにより焦点距離が自在に動かせるため，ズームすなわち焦点距離を可変することによる被写体が写る大きさを変えることもできる．一般的に，2 枚のレンズを利用した場合の合成焦点距離 f は，それぞれのレンズの焦点距離を f_1，f_2 とし，2 つのレンズの距離を d とすると，

$$\frac{1}{f} = \frac{1}{f_1} + \frac{1}{f_2} - \frac{d}{f_1 f_2} \tag{4.1}$$

の関係があるので，この d を変化させることによって，焦点距離 f を変化させることができるのである．

実用上のカメラにおいては，光学系で用いられているレンズは 2 枚以上の複数枚から構成されていて，焦点から外れた面でもピントがずれにくいように設計されている．

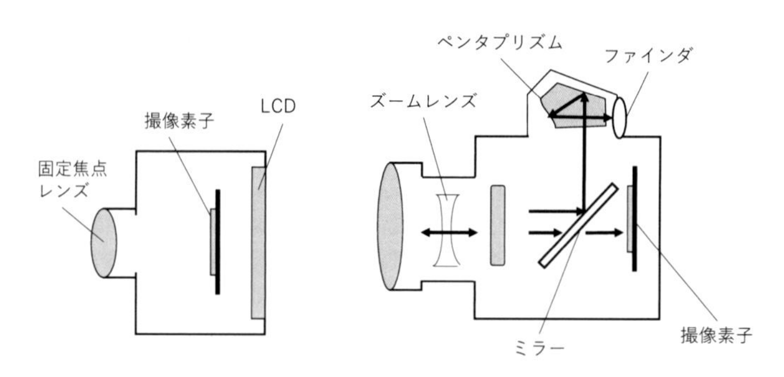

(a) 固定焦点レンズによる構成　(b) ズームレンズによる構成

図 4.1　カメラの構造

1　レンズなどが組み合わさった光の通るシステムのことである．光学系によっては，ミラーや液晶空間光変調器などが加わることもある．

4.1.2 カメラの撮像素子

カメラにおける結像素子は，CCD，CMOS，撮像管，写真フィルムなどに大別される．

CMOS

CMOS とは相補型 MOSFET を用いた撮像素子であり，その原理となる MOS 型イメージセンサの画素部を図 4.2 に示す．この図自体は p チャネルの FET（電界効果トランジスタ）と同様な構造であるが，フォトダイオードは FET のソースにおける p^+ 型領域と n 型領域の部分に形成されていることになる．このフォトダイオード[2]の部分における PN 接合部には空乏層ができるが，ここに光エネルギーを加えることによって，キャリア（負の電荷となる電子と正の電荷となる正孔）が形成され，空乏層内を移動することから，電流が流れるようになるのである．すなわち，フォトダイオードで光から電荷にエネルギー変換がなされ，その電荷は金属導線を経て負荷抵抗に電流として流れるように作用するのである．

CMOS といわれるのは相補型 MOS（Complimentaly Metal Oxide Semiconductor）という意味で，p チャネルの MOS-FET と n チャネルの MOS-FET とを相補うように取り付けていることから，そのように呼ばれている．

CMOS の長所は製作コストが CCD と比較して安価で，素子を小さくすることができることから消費電力を小さくすることができるということである．このことから，最近の安価な製品には CMOS が使用される傾向にある．しかしながら，応答速度の問題や雑音に関する問題があることから，高速度カメラや高感度カメラには用いられない．

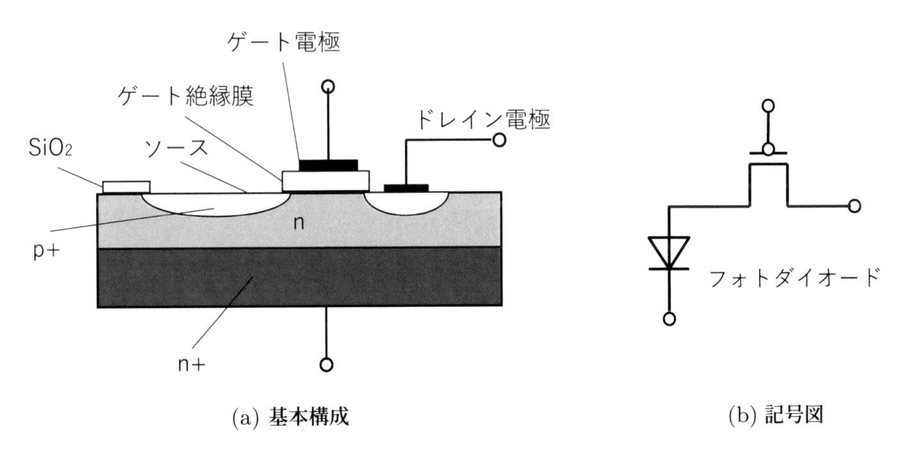

(a) 基本構成　(b) 記号図

図 4.2　MOS 型イメージセンサの画素部の原理図

CCD（電荷結合素子）

CCD とは Charge Coupled Device の略称である．図 4.3 は CCD イメージセンサの原理図を示している．ゲート G1 から G4 までの区間を 1 画素として考えることになる．まず，フォトダ

2　フォトダイオードとは，入射した光に応じて電流を流すことのできる半導体素子である．この性質を利用して，イメージセンサに用いられる．

イオードで光から電荷にエネルギー変換し（これを光電変換という），ゲート G1 におけるポテンシャルの井戸に電荷を蓄える．次に，ゲート G1 から G4 に与える電圧を順次時間をずらしながら印加していくことによって，電荷をケート G4 に転送する．そして，ソースから電流を取り出すことで，信号を負荷に与えるのである．この方式は CMOS と比較して雑音に強いということから受光感度が高く，応答速度が CMOS と比較して速いという長所があるが，製造工程が複雑で素子が大きいことからコストや消費電力という面から問題があるといわれている．

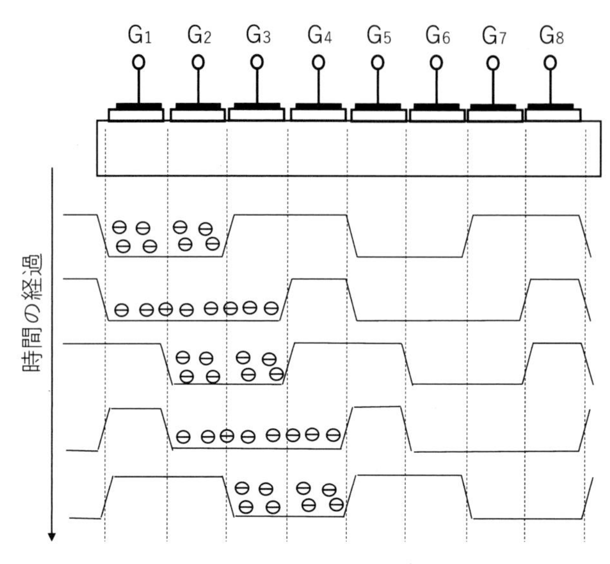

図 4.3　CCD イメージセンサの画素部の原理図

写真フィルム

ディジタルカメラが普及する以前より，写真フィルムを記録媒体とした写真撮影が一般的であった．受光素子を写真フィルムとするか CCD や CMOS などの半導体素子とするかの大きな違いは，図 4.4 に示すように，現像の工程を化学的に行うか，計算機によって電子的に行うかの違いである．写真フィルムによる写真は，ハロゲン化銀から成り立つことから銀塩写真とも呼ばれており，図 4.5 に示すように，赤 (R)，緑 (G)，青 (B) の 3 原色の層の重ね合わせによってフィルムが形成され，これを印画紙に焼き付けることによって作られる．

リバーサルフィルムの場合には，写真として焼き付けられる色とフィルムに現像される色が同じであることから，ポジフィルムともいわれている．これは，スライドとして映写することができる．写真フィルムとして広く用いられているのは，ネガフィルムであり，印画紙に焼き付けられるべき色と補色の関係にある色がフィルムに現像されるもので，印画紙に焼き付けてはじめて所望の色が再現されるものである．ネガとは反転を意味し，白となるべきところが黒くなり，黒くなるべきところが白くなるということである．

ところで，写真フィルムの感度と銀塩粒子のきめの粗さとはトレードオフの関係があるといわれている．すなわち，写真フィルムの感度が低い場合は銀塩粒子のきめが細かく，写真フィルムの感度が高い場合には銀塩粒子のきめが粗くなる傾向にある．電子媒体（PDF などの電子ファ

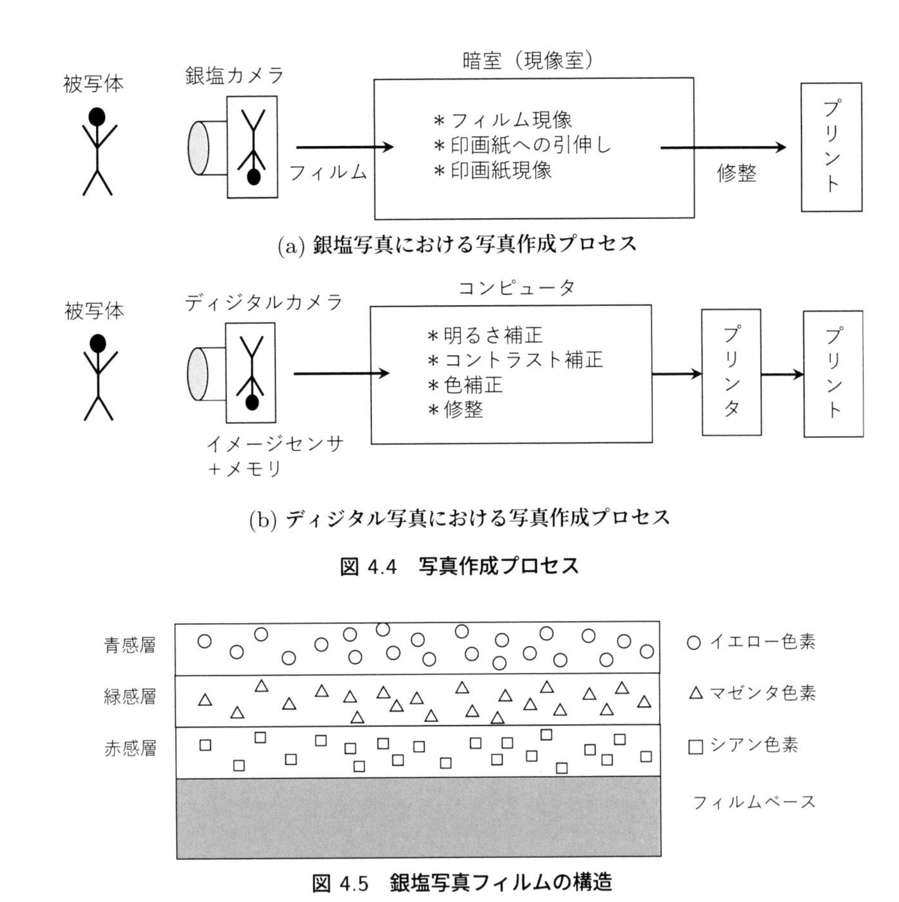

図 4.4　写真作成プロセス

図 4.5　銀塩写真フィルムの構造

イルなどを指す）による文書保存がされていない頃，マイクロフィルムに文書を撮影することによって記録して，必要なときに焼き付ける方法がとられていたが，マイクロフィルムの感度は非常に低く ISO 感度で 6 程度以下で撮影するという条件でつくられているものであった[3]．一般的に夜景などを撮影するための高感度フィルムは銀塩粒子が粗いため，非常に大きい印画紙に引き延ばした現像を行うと，きめの粗い写真となることが知られている．

撮像管

真空管の発展型である撮像管は，MOS 型イメージセンサや CCD イメージセンサが開発されるまではもちろんのこと，現在もテレビカメラの用途として用いられている．図 4.6 に撮像管の構造図を示す．この撮像管は，撮像素子の部分として用いられるものである．電子銃から電子ビームを透明導電膜に発射すると，この透明導電膜に入射した光の強度に応じて取り出される電流すなわちビデオ信号出力が得られる．カラー画像の入力のためには，光をプリズムなどの色分離光学系を用いて分離させ，赤 (R)，緑 (G)，青 (B) からなる複数の撮像管からの出力を加法混色によって合成することによって行うことができる．近年は固体撮像素子である CMOS

3　本書執筆時点（2024 年末ごろ）において，写真フィルムの種類は非常に少なくなり，マイクロフィルムは流通されなくなった．

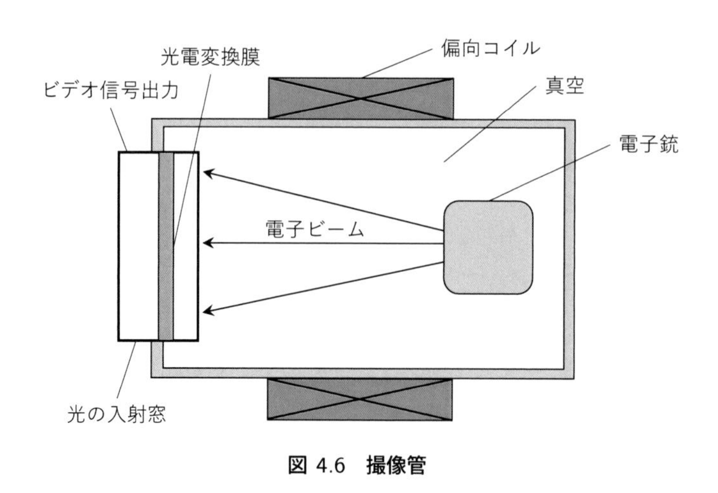

図 4.6　撮像管

や CCD などの普及により，撮像管の存在は薄くなっているが，撮像管の 1 つである HARP (High-gain Avalanche Rushing amorphous Photoconductor) 管は高感度という特徴を利用して，夜間もしくは暗い場所での撮影を行うために利用されている．

4.1.3　手ぶれ補正機能

最近のディジタルカメラは手ぶれ補正機能が搭載されてきている．手ぶれ補正機能には電子的な方法と光学的な方法との 2 種類に大別される．

電子的な方法の場合だと，撮影可能領域を一定のサイズに狭め，撮影の際にバッファメモリ[4]に画像を読み込み，最初に撮影した画像とそれ以降に撮影した画像とを比較し，そのはみ出し量を計算して，撮影可能領域を自動的にずらして撮影し記録する方式となる．このように，撮影可能領域がイメージセンサの内の一定部分しか使われないため，イメージセンサーの画素数を十分に使用していないのと，動画には比較的効果があるが静止画にはあまり有効ではないという欠点があることが知られている．そのため，静止画用の電子式手ぶれ補正には他に撮影後の画像を処理（レタッチ）する事によって見かけ上のブレを少なく見せるタイプのものもある．

光学的な方式の場合だと，ジャイロセンサ[5]によって振動量を検知し，レンズなどの光学系の揺れを補正するか，イメージセンサの揺れを補正するかのいずれかによって，手ぶれの補正が行われる．この場合は，ジャイロセンサと補正用のための光学系もしくはイメージセンサの位置を補正するための駆動装置を用いることから，カメラの重量が幾ばくか重くなるという問題がある．

4　一時的にデータを記憶させておく場所を意味する．コンピュータのメモリも同じような役割をするが，この容量が大きいほど多くの情報を記憶させることができる．ただし，メモリは一般的に揮発性のものが多く，電源を切ったりリセットしたりすることで情報が消えてしまうことが多い．

5　角度や角速度を計測するためのセンサである．もともと，船や航空機などの自律航行に用いられてきたものだが，最近では，カーナビゲーションにおける車の角度計測やディジタルカメラにおける手ぶれ防止機能にも用いられるようになった．

4.1.4 解像度

解像度は撮像デバイスや表示デバイスの性能指数のひとつであり，画像の表示や記録における精細さを表す尺度のことである．多くの場合，解像度は，画素の密度により表すことが多く，たとえば，300dpi (dots per inch) であれば 1 インチ (1inch ≒ 2.54cm) あたり 300 ドットの精細さであると言うことができる．

スマートフォンやディジタルカメラのイメージセンサの場合，たとえば 1 型イメージセンサが搭載されている場合は，センササイズは 1 インチであるため 1 型と書いて 1 インチと読むことが多い．ただし，1 インチのイメージセンサと言う場合にあっては，センササイズが 13.2mm × 8.8mm となっていて，過去のビデオカメラに搭載されていたイメージセンサ（多くの場合は真空管）のイメージサイズ（真空管の管の部分を控除したセンサそのもののサイズ）と等価であるという意味であり，過去のものと等価な性能であることを意味するような表記となっている．

このことから，とくにイメージセンサの解像度は，イメージセンサのサイズと，イメージセンサが有する画素数（多くの場合は縦横の乗算をした有効画素数）とで表される．

コラム：オートフォーカス

オートフォーカスには，赤外光や超音波を射出して距離を測定する「アクティブ方式」，目標物の輝度情報を CCD イメージセンサで受光し，電気処理により焦点位置を検出する「パッシブ方式」がある．また，パッシブ方式には，輝度信号の横ズレを検出する「位相検出方式」，輝度信号の鮮鋭度を検出する「コントラスト検出方式」などがある．いずれにせよ，これらの 4 つの方式のいずれかによって焦点までの距離を測定し，レンズを被写体から撮像素子に対して焦点として結像させるように自動的に調整させるのがオートフォーカスである．

4.2 スキャナ

一般的なディジタル写真や線画などの入力デバイスとして，スキャナが用いられている．このスキャナは，静止した紙面に対して手動でスキャナ部分を動かすハンドヘルド型スキャナや，静止した紙面などを読み取るためにスキャナ部分を動かすモータやレールが存在するフラットヘッド型スキャナや，FAX 機などで用いられるシートフィード型スキャナなどがある．

このスキャナという画像入力デバイスは，ファクシミリやディジタルコピー機における入力部として採用されている．

スキャナにおけるイメージセンサとしては MOS 型イメージセンサあるいは CCD が用いられる．スキャナとカメラとの大きな相違点は，その入力対象と入力動作にある．すなわち，カメラの入力対象は離れた場所での被写体で，入力素子は 2 次元的に配置したイメージセンサである．これに対し，スキャナの入力対象は紙やフィルムの表面に記録された画像情報で，入力素子は光電変換素子を 1 次元的に配置したイメージスキャナである．また，カメラでは焦点を合わせるため以外にレンズやイメージセンサを動かすことはないが，スキャナはリニアイメージセンサを原

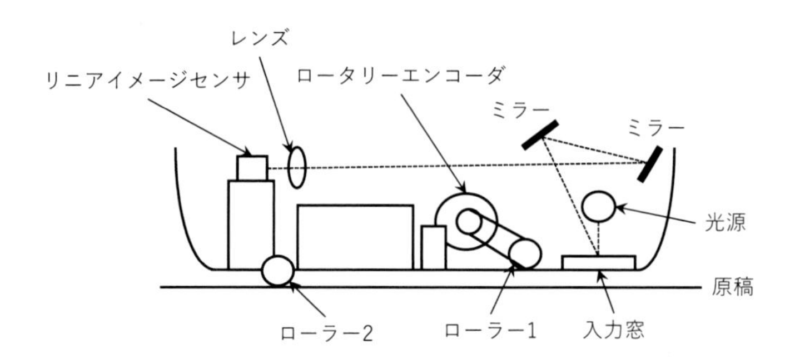

図 4.7　ハンドヘルド型スキャナの構成

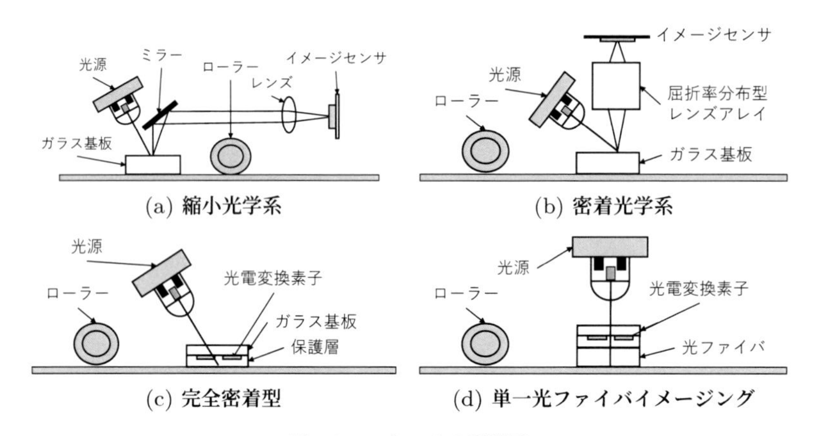

図 4.8　スキャナの光学系

稿に対して移動させながら原稿からの反射光を用いて画像情報を読み取る．

図 4.7 はハンドヘルド型スキャナの構成を示している．スキャナの筐体はローラ 1 とローラ 2 の 2 つが原稿と接触している．光源が原稿を照射し，反射光をミラーによって反射させて，レンズを通してリニアイメージセンサから受光するようになっている．スキャナ筐体の移動量については，ローラ 1 に接続されたロータリエンコーダによって得ることができる．このように，ハンドヘルド型スキャナについては，ローラやロータリエンコーダのような機構部品が必要になる．

フラットヘッドスキャナについては，原稿がフラットヘッドの上で一定の位置を保っているので，リニアイメージセンサを動かすためのレールとモータが必要になってくる．

図 4.8 はスキャナの光学系を示している．図 4.8(a) は縮小光学系と呼ばれ，レンズによって原稿の画像をイメージセンサに縮小するものである．この方法であれば，ミラーによって光を折り返すことからスキャナを薄型にすることができる．図 4.8(b) は屈折率分布型レンズアレイを用いた密着光学系であり，原稿上の狭い線状の領域からの反射光をリニアイメージセンサの画素列上に導くものである．図 4.8(c) は完全密着型と呼ばれ，薄い透明基板（保護層）をレンズの代用としてイメージセンサとの密着度をより高めたものである．図 4.8(d) は単一光ファイバイメージング型であり，透明基板上に形成された光電変換素子に複数の開口を空けファイバアレイプレートを接着した構成である．この光学系はこの 4 つの中でもっとも小型化が可能であることから，ペン型スキャナをつくる上での基本的な原理となる．

4.3 指紋センサ

情報ネットワークの整備拡張，電子マネーの登場，パスワードなどの機密情報管理に関して，個人を特定するための技術の発展が望まれている．そのために指紋，掌紋，静脈パターン，虹彩などのような生体情報や人の特徴や区政などを利用することが検討されているが，これらはバイオメトリクス認証として知られているものである．

ここでは，指紋による認証をするための入力デバイスである指紋センサのなかでも，装置の小型化を目指した薄型指紋センサについて概説する．

図 4.9 に散乱光検出方式の指紋センサの構成を示す．この指紋センサは，LED などの発光素子と，ガラスなどの透明な薄板（導光板），屈折率分布型レンズアレイなどの等倍光学系，CCD などの 2 次元イメージセンサ，からなる．この場合の，屈折率分布型レンズアレイなどの等倍光学系は，イメージスキャナにおける密着光学系に用いられたものを 2 次元に拡張したものである．

原理について述べる [2]．まず，発光素子を点灯させて，導光板の端部から斜めに光を入射させる．この光は空気との界面で全反射を繰り返して導光板の内部を伝搬する．つぎに，導光板に指を接触させるわけだが，導光板と指とが接触する場所では光が散乱されて導光板の外部に光が漏れるのである．さらに，この散乱光を結像光学系によって 2 次元イメージセンサに結像することによって，隆線（指紋で凸になった部分の線）が強調された指紋が象が得られる．

光源については，LED，冷陰極管，EL 素子，などの選択肢がある．このなかで，装置の小型化，低コスト化，低電圧駆動化，部材の入手の容易さ，という観点から LED が適当であるとされる．

導光板については，材料としてプラスチックやガラスなどが選択肢となる．導光板には指が直接接触することから，傷がつきにくい必要があるためガラスの方がよいとされる．また，導光板の面積としては，指をカバーするに十分な面積があればよい．

等倍光学系とは，指からの散乱光をイメージセンサに結像するための光学系のことをいう．実用化されているものの多くは，多数の屈折率分布型レンズを 2 次元に配列したものである．

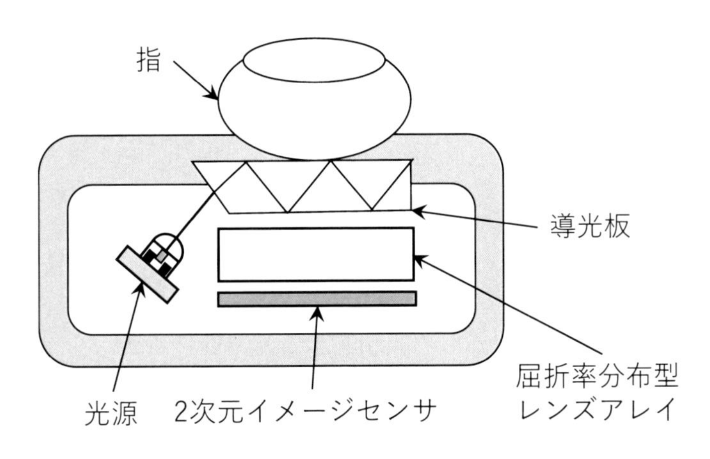

図 4.9 散乱光検出型指紋センサの構成

イメージセンサには指紋照合に要求される画像として，解像度を 500dpi（1inch に 500 ドットのきめ細かさになる）として 250 × 300 画素になるといわれている．これは，指の 12.7 × 15.2mm に相当する大きさである．したがって，最小でもこの寸法の 2 次元イメージセンサが必要になると考えられる．また，イメージセンサを CCD にするのか C-MOS にするのかという問題については，隆線と谷線（指紋の中で凹になったところ）とのコントラストが大きくなるようなものにするために，光源とイメージセンサとを組み合わせるとよいということになる．

コラム：視力

画像機器の性能を表す指数に解像度という言葉があるが，人間の目の性能を表す指数は視力と呼ばれている．視力の測定は一般的に下図に示すランドルト環（C の文字のように切れ目の入ったもの）が正確に見えるかどうかを調べることによって行われている．下図のような条件の下で角度 1 分の切れ目が正確に見えれば視力 1.0 であるという基準である．また，下図と同じランドルト環を用いるものとして，実際の視力検査では，目とランドルト環との距離を同じ状態で検査するので，ランドルト環の大きさを変化させて検査している．その場合，角度 1 分の切れ目が正確に見えれば視力 1.0，角度 0.5 分の切れ目が正確に見えれば視力 2.0，角度 2 分の切れ目が正確に見えれば視力 0.5 という結果となる．

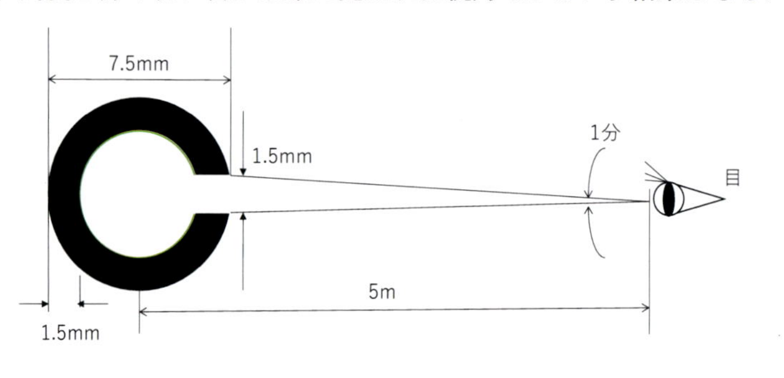

■演習問題■

問題 4.1　CCD カメラと CMOS カメラについて，実用的な撮像の用途にあわせ，どちらを使った方がよいか分類を行え．

1. 暗い室内
2. 海水浴
3. 電車や自動車の走行シーン
4. 人物のスナップショット

問題 4.2　A4 の紙を解像度 600dpi のスキャナで読み取ったとすると，画素数はいくらになるか．A4 の紙のサイズは 21.0cm [H] × 29.7cm [V] で，1inch=2.54cm とする．

問題 4.3　民生用複合機（プリンタとスキャナとを一体化させたもの）として適当なスキャナ光学系はどれか，理由を付して選択せよ．

問題 4.4　一般的なL判サイズの印画紙に 600dpi のプリンタで印刷しようとした場合，ディジタルカメラに必要な画素数は最低でいくら必要となるか．L判の紙の大きさは，89mm [H] × 127mm [V] とし，1インチは 2.54cm であるものとする．

問題 4.5　指紋センサにおける，利点と問題点を列挙せよ．また，列挙した問題点に対する対策について考えてみよ．

第5章

テレビジョン

本章では，ディジタル放送を中心としたテレビジョンの信号の伝送ならびに信号の扱いについて説明を行う．なお，ディジタル放送は信号がMPEG-2に符号化されるが，符号化については別途，符号化に関する第11章で行うものとする．加えて，画像を表示するディスプレイは次章で述べる．

5.1　ディジタル放送システムとは

テレビジョンという言葉は，tele-（遠い）と vision（見ること）が組み合わさったものである．すなわち，テレビは遠く離れたところの光景を人が見るための手段であり，動画像をリアルタイムに伝送・表示することが前提となっている．

ここでは，テレビジョンシステムの仕組みについて述べる．すなわち，現行のディジタル放送をベースにしたテレビジョンシステムである．

図 5.1 に放送システムの系統図を示す．放送局には撮像ならびに伝送といった送信部があり，受信者側には受信機ならびにそれに縦続する機器がある．

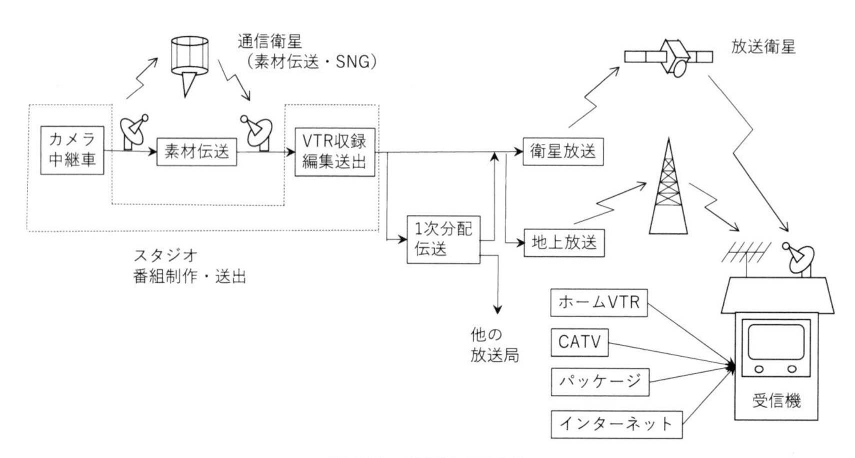

図 5.1　放送システム

標準テレビ (SDTV) では，走査線数が 525 本のカメラで撮影し，アナログ方式では NTSC 信号に変換した後，アナログの電波に変調して送信し，受信機で受信ならびに復調してディスプレイに表示する方式をとっている．

一方，ディジタル方式ではカメラ出力を直接ディジタル信号の形で処理して伝送を行い，受信側でもディジタルとして処理するという形態となる．2000 年代前半より放送局内でのディジタル化はすでに行われているが，放送全体でのディジタル化には，伝送に関わるディジタル化を行って完了となるが，その移行期限が 2011 年 7 月である．このディジタル方式になることで，高品位テレビ (HDTV) の放送ができるようになるのである．

2011 年に日本国内のテレビ放送はディジタル放送に一本化されることとなった．この地上ディジタル放送の信号の方式は，映像については MPEG-2 Video 方式が採用され，音声については MPEG-2 AAC 方式が採用されている．この MPEG-2 とは動画像符号化の一形式であり，MPEG-2 の動画情報を受信しながら，テレビ受像器に映し出しているのである．

ではなぜ，2011 年にテレビ放送においてアナログ放送が廃止され，ディジタル放送となるかの理由について説明する．その理由は，以下のように，大きく 2 つある．

1. アナログ放送と比較してディジタル放送がノイズに強い方式であるということ．

表 5.1 テレビジョン放送の情報量

方式	情報量	圧縮後の情報量	圧縮率
SDTV	124Mbps*	—	—
HDTV	746Mbps	20Mbps（MPEG-2）	1/40
SDTV （ワンセグ）	124Mbps	10Mbps（H264/AVC）	1/80
CD-Audio	1.5Mbps	120kbps	1/12

*SDTV の情報量はディジタル換算
bps とは bit per sec という単位で 1 秒間に何ビット送れるかという指標

これは，ディジタル信号にすることで，信号にノイズが混入した場合でも，誤り訂正符号により受信側でデータを修正することができるので，ノイズが混入していない状態にすることが可能であるということである．

2. 符号化技術を併用することにより，伝送する情報量を多くすることができるので，高品質なハイビジョンの伝達のために寄与する（表 5.1）．
アナログ放送では符号化[1]という概念は変調ならびに復調というだけでしか行われないが，ディジタル放送では MPEG-2 のような動画像符号化により信号を圧縮した上で伝送しているので，ハイビジョンのように非常にきめの細かい画像を無理なく伝送することができる．さらに圧縮率を高くする H264/AVC とした場合ではワンセグ放送のように携帯電話などに付属したポータブル受信端末でも視聴が可能となる．

上記に示した理由から，ディジタル放送に切り替わっているわけだが，1998 年には BS ディジタル方式が ISDB-S (Integrated Servicis Digital Brodcasting: ISDB) として，1999 年には地上ディジタル放送が ISDB-T として，それぞれ ITU 勧告[2]となり，国際標準方式のひとつとなって認められたのである．

コラム：SDTV について

標準テレビ (SDTV) では，走査線数が 525 本のカメラで撮影し，アナログ方式では NTSC 信号に変換した後，アナログの電波に変調して送信し，受信機で受信ならびに復調してディスプレイに表示する方式をとっている．

NTSC 方式によるカラーテレビジョン放送方式を採用している国はアメリカ，カナダ，メキシコ，日本，台湾，韓国などである．この方式では，画像に関しては輝度信号 (Y) と色差信号 (I,Q) に分離し，信号を伝送しているのである．なお，Y 成分だけ抽出したものが白黒テレビの原理たるものとなる．この NTSC は，National Television System Comittee が制定した方式であるが，その制定した団体の略をとって NTSC と呼んでいるのである．

1 映像の情報量はきわめて大きいので，情報量を少なくして伝送する必要がある．その情報量を少なくするための作業を符号化という．例えば，音楽データであれば，CD に記録されているデータを mp3 などの形式に符号化してポータブルオーディオデバイス（例えば iPod，Walkman など）に記録する方法がとられている．

2 ITU では，電話，FAX，テレビ，インターネットなど日常生活で使われている電気通信や放送技術に関わる国際的な決まりを作っている．ITU 勧告は ITU における各部門で決めた国際的標準を示したものである．

なお，ヨーロッパ諸国，中国，インドなどではカラーテレビジョン放送方式として PAL 方式（Phase Alternation Line）が用いられており，日本でのテレビ受像器では信号の方式が異なるという理由からその国でテレビ放送を見ることはできない．

いずれにしても，アナログ方式では解像度の限界があるためにディジタルに移行するといった世の中の動きがあった．そして，いまや 4k や 8k といった高解像度への動きも進んできたのである．

5.2　ディジタル放送のしくみ

ここでは，ディジタル放送に関わる技術的要素について概説する．

図 5.2 にディジタル放送システムのブロック図を示す．

送信側では，映像・音声・データなどの番組の情報を符号化して情報圧縮をする情報源符号化部（圧縮符号化），圧縮された複数の情報を多重化する多重化部，伝送で生じる情報の誤りを訂正するための誤り訂正符号の付加，誤り訂正符号を付加した情報をディジタル信号として電波などとして伝送路に送る前にディジタル信号に変調するための伝送路符号化部によって構成される．

受信側では，送信側とは逆に，ディジタル復調，誤り訂正，多重信号の分離，複合が行われることによって，映像・音声・データなどの番組の情報がとり出せるのである．

このように，ディジタル放送では 1 つの電波で，アナログ放送における映像・音声に加えて，データの放送もできるようになった．種々のサービスを統合したディジタル放送を ISDB (Integrated Servicis Digital Brodcasting) と呼んでいる．

アナログ放送では NTSC 方式や PAL 方式や SECAM 方式など国によって方式が異なっていたが，ディジタル放送ではメディア横断的かつ国際整合性という点に配慮して，できる限り国際的に共通に使用可能である技術によって構成される必要がある．そのため，過去の経緯から共通化の困難である部分をのぞいた圧縮符号化と多重化といった部分については MPEG-2 という国際規格に沿った技術方式で統一している．

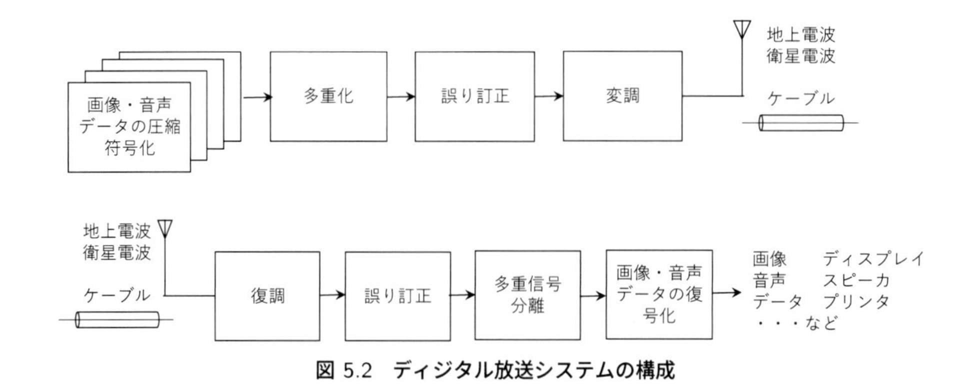

図 5.2　ディジタル放送システムの構成

5.2.1　圧縮符号化

表 5.2 で使用される映像フォーマットのうち，1080i 方式はディジタル放送におけるハイビジョン方式である．ディジタル放送ではハイビジョンが中心的なサービスであろう．この 1080i 方式をディジタル信号に変換すると約 1200Mbps ものデータ量となるため，これを電波に乗せて送信することはおおよそ不可能である．そのため，1080i 方式を電波に乗せるためには，データ量を数十分の一以下の情報に圧縮する技術が必要となる．

映像信号のディジタル圧縮の基本は，連続性のあるパターンや発生確率の高いパターンに着目して冗長度を下げることや，人間の細かい部分や明暗のわずかな違いに気がつきにくいといった視覚特性を利用することである．ディジタル映像の圧縮に対しては，動き補償予測，離散コサイン変換 (DCT)[3]，量子化，可変符号化の順に処理を行ってデータ量を約 1/20〜1/40 に削減する MPEG-2 Video 方式が採用されている．

人間の視覚特性を圧縮符号化に利用する際には，絵柄の形状が圧縮の難易に大きく影響が出ることが知られている．圧縮の難しさの指標としてクリティカリティというものがありる．たとえば，動きの激しいスポーツ中継においては動きが非常に激しいといった理由から，クリティカリティが高く映像の圧縮が難しいとされている．映像の圧縮度は，クリティカリティの高い映像で，圧縮に起因する画質の劣化をどの程度容認するかによって決められる．

音声符号化方式でも，国際規格である MPEG-2 AAC 方式が採用されていて，音声のデータレートは 128〜144kbps であり，これは CD 相当の音質を確保するデータレートとなる．この圧縮方式においても人間の聴覚の周波数特性とマスキング効果[4]を利用しているのである．

表 5.2　BS ディジタル放送方式

項目	方式	特徴
映像フォーマット	1080i 480p 480i 720p 1080i	
映像符号化方式	MPEG-2 Video	日米欧共通方式，CS も共通
音声符号化方式	MPEG-2 Audio (AAC)	米はドルビー AC-3 欧は MPEG-2 Audio (BC)
多重方式	MPEG-2 Systems	日米欧共通方式，CS も共通
指定受信方式	MULTI-2 方式	CS と共通
周波数帯域幅	34.5MHz	1 中継器あたりの情報
変調方式	TC8PSK QPSK BPSK の切替，併用可能	伝送多重制御信号 TMCC は BPSK
伝送情報量	26.1MHz	1/2 中継器あたりの情報
誤り訂正方式	7 種類の形式から選択可能	

3　離散コサイン変換 (Discrete Cosine Transform) は，変換されるものがすべて実数で構成されると仮定したときに，一般的なフーリエ変換の実部だけをとったものである．この変換は画像符号化で非常に多く利用されている．

4　2 つの音があった場合に大きな音の方が小さな音をかき消してしまう効果のことをいう．

5.2.2 多重化

ディジタル放送では，映像・音声・データなどの情報のすべてが時系列のディジタルデータ信号として取り扱うことができるため，サービスの多様性や拡張性の観点からは伝送路に依存しない共通の多重化方式をすることが望ましいとされている．

多重化については，図5.3に示すように，圧縮した映像信号のデータや，圧縮した音声信号のデータなどをそれぞれ時系列にならべ，188Byte（Byteはバイトという単位で1Byte=8bitである）ごとに分割した束（これをTSパケットという）として取り扱うMPEG-2 Systems規格に準拠した方式が採用されている．このMPEG-TSパケットは，伝送路符号化部で16Byteの誤り訂正符号（リードソロモン符号）が付加されることから，204Byteのパケットにより構成され，伝送信号は204Byte単位で送信されることになる．

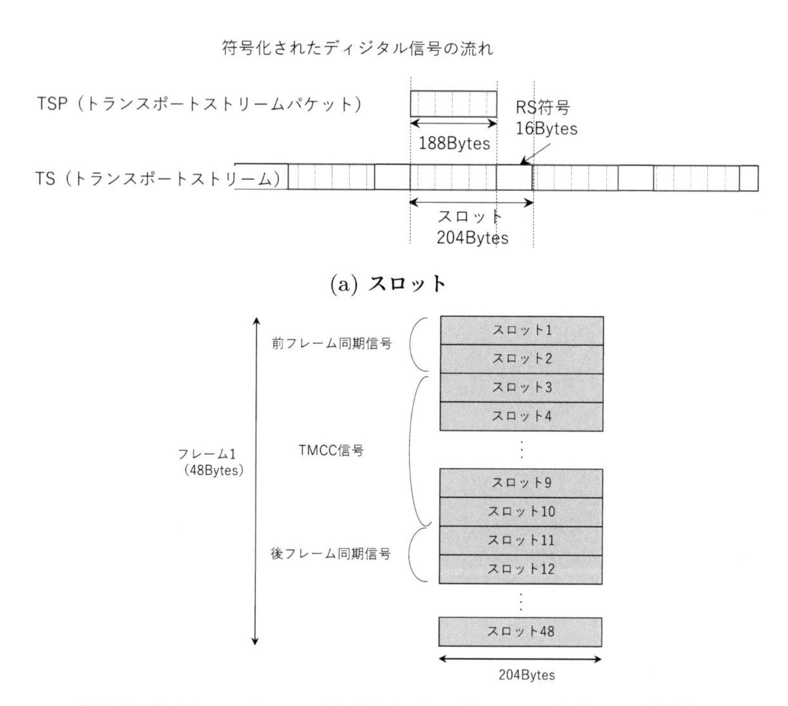

図5.3 BSディジタル放送におけるスロットおよびフレーム

5.2.3 伝送路符号化

圧縮符号化や多重化については伝送路と関係なく共通に取り扱うことが可能であるが，伝送路符号化部では各伝送路の特性（周波数，伝送帯域，伝搬環境など）に適合した独自の方式を採用しているが，伝送路符号化部は複数TSの合成，誤り訂正符号の付加，ディジタル変調などを行う．

誤り訂正符号は，図5.4(a),(b)に示すように，ブロック符号と畳み込み符号に大別される．リードソロモン符号のようなブロック符号は情報データのすぐ後にそのデータの線用として与えられる訂正符号である．畳み込み符号は連続した情報データ同士間に巧みに組み込まれ，複数の情報データの関連性から訂正する符号化である．ディジタル放送では，時系列に並んだデータ信号が連続して起こすバースト誤り[5]に対処するため，ブロック符号と畳み込み符号とを併用し，図 5.4(c) に示されるように外符号でブロック符号を付加して，内符号で畳み込み符号を付加するようにしている．この外符号と内符号との差異は，送受信間の伝送系を挟んで内側で符号化するか外側で符号化するかの差異である．

また，伝送系に混入するノイズによって信号が長時間欠落した場合に受信側でデータを効率よく訂正できるようにするために，送信データを規則的に並び替えるインターリーブという操作を行っている．このインターリーブには，ビットインターリーブ，バイトインターリーブ，時間インターリーブ，周波数インターリーブが存在するが，伝送路によって 1 つあるいは複数のインターリーブが併用されている．

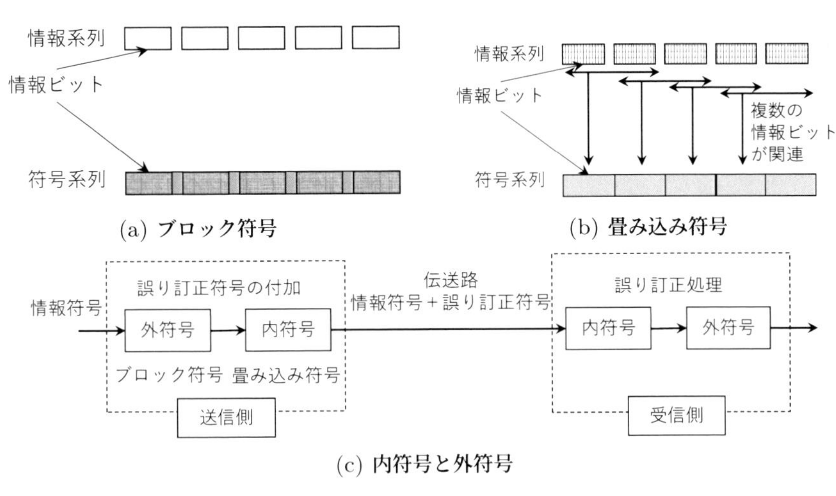

図 5.4　誤り訂正符号の原理

5.3　地上ディジタル放送

地上ディジタル放送（地デジ）は，アナログテレビ放送用電波[6]（VHF および UHF 帯における 1 チャネルあたり約 6MHz）を利用したディジタルテレビ放送とディジタル音声放送であり，固定受信ならびに移動受信を対象としている．地上ディジタル放送で使用する情報の圧縮符号化ならびに多重化は，映像・音声ともに MPEG-2 方式を採用し，先行する BS ディジタル放送との整合性を保っている．

図 5.5 に地上ディジタル放送の送信系統図を示す．地上ディジタル放送では，時間インターリーブに加えて周波数選択制フェージングに対処するために，図 5.6 に示すような周波数イ

5　ある場所から別の場所へデータを移動する際に発生する符号の誤りの種類の 1 つであり，短い区間に集中的に発生するものである．

6　日本国内におけるアナログテレビ放送は 2011 年 7 月に終了した．

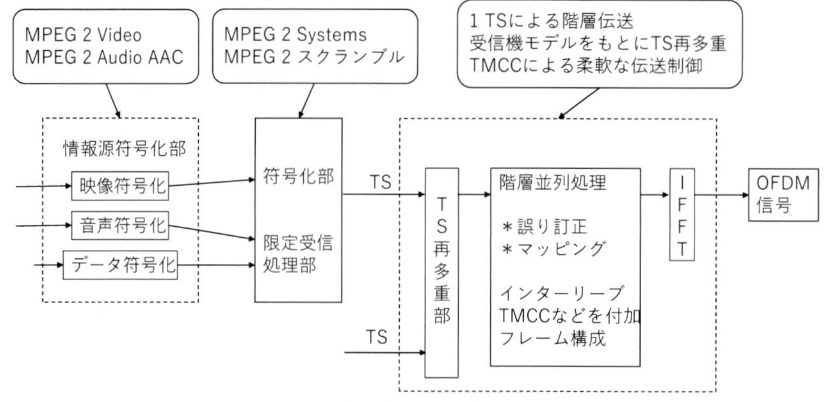

図 5.5　地上ディジタル放送の原理

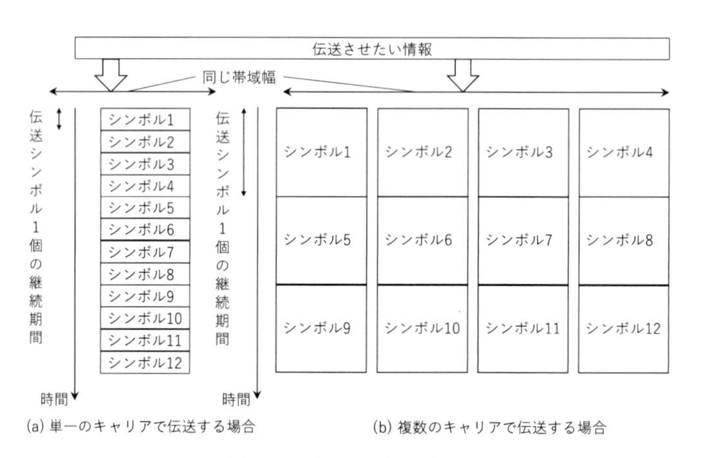

図 5.6　ODFM キャリア

ンターリーブを行う ODFM (Orthogonal Frequency Division Multiplexing) を採用している．ODFM を採用することによって，電波の瞬断（電波が一時的に途切れること）やマルチパス (直接受信機に届く電波と，高層ビルなどがあった場合にそれを反射する電波とが重なり合うこと）に対処できるようになっている．この ODFM は図 5.6(b) に示すようなマルチキャリア伝送方式の一種で，各キャリアが直交関係にあるという特別な周波数多重伝送方式である．また，ガードインターバルと呼ばれる情報の伝送には寄与しない区間を各シンボル期間の後に付加することによって，短い遅延のマルチパス信号の影響を除去している．ところが，実効的な伝送容量が減少するために，ODFM のキャリア分割数やガードインターバルの長さについては，表 5.3 に示すような複数のモードが選択できるようになっている．その理由は，マルチパスの遅延量，フェージング[7]の深さ，変動速度などが伝送路で受信機に対して影響を及ぼすためである．また，周波数の有効利用という観点から，近接地域に複数の送信局を設ける SFN (Single Frequency Network: 同一周波数ネットワーク) が構築されている．SFN においては，複数の送信局から送信された電波は受信点から考えると，主たる送信局からの信号にマルチパス信号が重畳された信号であると考えることができる．

表 5.3 地上ディジタル放送方式

(a) 地上ディジタル放送固有の諸元

項目	諸元
伝送帯域幅	約 5.57MHz（13 個のセグメント）
変調方式	階層ごとに DQPSK，QPSK，16QAM，64QAM を適用 （TMCC 信号については DBPSK）
誤り訂正方式	内符号：畳み込み（符号化率 1/2, 2/3, 3/4, 5/6, 7/8） 外符号：短縮化リードソロモン（204，188）
伝送容量	最大 23.234MHz

(b) 地上ディジタル放送の主なパラメータ（伝送部分）

項目	諸元		
伝送モード	モード 1	モード 2	モード 3
キャリア間隔	約 4MHz	約 2MHz	約 1MHz
キャリア総数	約 1405 本	約 2809 本	約 5617 本
シンボル/フレーム	204 シンボル		
有効シンボル長 TW	252μ s	504μ s	1008μ s
ガイドインターバル長	有効シンボル長の 1/4, 1/8, 1/16, 1/32		
フレーム長	54.105 ～ 64.26 ms	106.029 ～ 128.52 ms	212.058 ～ 257.04 ms
インターリーブ	周波数インターリーブ，時間インターリーブ		

地上ディジタル放送波は，5.6MHz 帯域を 13 の周波数帯域に分割した ODFM セグメントと呼ばれる帯域幅約 430kHz の狭帯域信号から構成され，変調方式や誤り訂正（内符号）の符号化率などについては，このセグメント単位で独自に設定できるようになっている．各セグメントが対応可能な変調方式の数は 3 であり，64QAM，16QAM，DQPSK があり，それぞれ最大でデータレート 23.234Mbps の伝送が可能となる．また，各セグメントの構成は共通で，各セグメントは 188Byte の MPEG-TS パケットにリードソロモン符号を付加して 204Byte のパケット整数個から構成される．さらに，ODFM のセグメント化によって，セグメント単位でデータを抜き出して受信することができ，そのうちの 1 セグメントだけを利用する方式をワンセグ放送と呼んでいる．

7　フェージングとは，無線通信において，時間差をもって到達した電波の波長が干渉し合うことによって受信電波の強弱に影響を与える現象のことである．たとえば，同じ電波でも送信アンテナから受信アンテナまで直行したものと，どこかの建物などのような反射物から反射されたものが干渉しあって受信電波に悪影響を及ぼすことがあるが，そのことをいう．フェージングは，先述のように電波が地上の障害物や大気中の電離層などによって反射することによって生じる．あるいは移動体通信においては，送受信する端末そのものが移動することでもフェージングが生じることがある．時間差を持った波長は合成される際に互いに電波レベルを強めあったり弱めあったりする効果を生むので，AM 放送や携帯電話では音声が大きくなったり小さくなったりする現象が頻繁に発生するのである．

コラム：ワンセグ放送

ワンセグとは，地上ディィジタル放送のなかで携帯電話などの移動体向けの放送である．2006年4月1日に放送が開始された．もともと技術的呼称として1セグメント放送と呼ばれていたが，地上デジタル放送推進協会によって2005年9月にワンセグという名称が決定された．

日本の地上デジタル放送方式では，1つのチャンネルが13の「セグメント」に分割されており，これをいくつか束ねて映像，データ，音声などを送信している．ハイビジョン放送(HDTV)は12セグメント必要であるが，通常画質の放送(SDTV)は4セグメントで充分であることから，3つの異なる番組を1つのチャンネルで同時に放送することも可能である．

このセグメントのうち，1つは移動体向け放送に予約されており，これを使って放送を行なうのがワンセグである．帯域が通常放送の1/4と狭いため、QVGA(320 × 240ピクセル)サイズの低解像度の映像しか伝送できないが，携帯端末の特性を活かした新たな試みが期待されている．放送開始当初は通常の地上波放送と同じ番組を同時に流すサイマル放送が主になる．

映像の符号化にはH.264/AVCが，音声の符号化にはAAC LCが使われる．静止画はJPEG，GIF，アニメーションGIFに対応している．著作権保護技術として当初はスクランブル[a]化が検討されたが，実際にはCCI(Copy Control Information)によるコピー制御が使われることになった．

しかしながら，2025年現在，ワンセグ放送を受信できる端末は非常に少なくなってきた．

a　著作権保護のための方式の1つで，画像を伝送する際に画面をモザイク状に分割して並び替えを行うことで，一般の視聴者にはどんな映像になっているかわからないようにすることである．このスクランブルを解くための鍵は，送信者に対して受信料を支払うことによって得ることができる．

5.4　ハイビジョンの諸元

ハイビジョンという言葉は1985年に高品位テレビから改称されたもので，研究そのものは1965年からNHK技術研究所が行ってきている．

ハイビジョンでは，画面の縦横の比率を表すアスペクト比[8]が横16:縦9になっており，NTSCと比較すると横長になっている．これは，高い臨場感を得るために画角を30°以上とするためであることと，視覚心理学実験における好ましい縦横比から得られた結果に基づいたものである．また，視聴するための標準視距離を画面の高さの3倍とし，走査線は1125本となっている．これは，NTSC放送方式と比較すると2倍以上の解像度となることを意味している．ただし，

8　画面の縦と横との比をアスペクト比と呼んでいる．SDTVであれば横4:縦3であるが，HDTVでは横16:縦9となっている．

ディジタル放送となった今では，縦方向の画素数は 1080 となっている[9]．

5.5 ストリーミング

近年のテレビジョン受像機には，インターネットから映像や音声を楽しむことが出来るような機能が備わったものが存在する[10]．これは，ストリーミングが出来るようになっているものであり，インターネットからデータを取得しながら映像や音声を再生するという仕組みが備わっている．

ストリーミングには，オンデマンド型とライブ型との 2 種類が存在する．

オンデマンド型は，映像や音声が含まれたファイルに圧縮処理を施して配信用のサーバーに格納し，ユーザーは Web サイトや配信プラットフォームを通してファイルにアクセスすることで動画や音楽を再生する方式である．代表的なオンデマンド型の配信サービスには Google が提供している世界最大の動画配信プラットフォームなどが挙げられる．オンデマンド型における視聴者側から見た最大のメリットは，視聴者側から見れば，デバイスとインターネット環境とが整っていれば，いつでもどこでも自由にコンテンツを視聴できる点が挙げられる．そして，制作側から見たメリットは，コンテンツを格納した媒体（ビデオテープ，DVD，BD など）の発送作業や在庫管理が不要で，半永久的にコンテンツをユーザーに提供できる点や，セキュアな配信を可能とすること，が挙げられる．

ライブ型は，テレビ放送と同様に，同一コンテンツが同一時間に配信されるブロードキャスト型の配信方式である．インターネット上のコンテンツを順次ストリーミング配信用のデータに変換し，リアルタイムに配信する方法であり，テレビの生放送がライブ型のストリーミング配信（俗にいう生配信）と同様な位置づけであると考えることが出来る．ライブ型はオンライン上での展示会や販促イベント，あるいは視聴者参加型のオンライン講義・セミナーや社員研修の開催などに適しているとされている．

ところで，ストリーミングの長所は，以下のような 3 つである．

1. ストリーミング方式であれば，クライアント端末のストレージ容量に十分な空きがなくても，一時処理用の領域さえあれば再生し続けることが可能であり，すぐに再生できる．
2. ファイル容量が重くなりがちな動画コンテンツでも，一定間隔の情報を取得しながら再生を行う方式であることから，すぐに再生できる．
3. ストリーミングは，サーバー上の動画ファイルを一定間隔でセグメント化し，クライアント側で順次再生していく配信方式であるから，ファイルがセグメント化されている．このことから，ダウンロード方式に比べて復元しにくく，通信とセグメントファイルを暗号化することでセキュアな配信が実現し，端末にファイルが残らないことから，著作権管理が重要な映画や音楽をはじめ，機密情報を含む社内向けの動画配信にも適している．

9　画素数について，ハイビジョン（HD）であれば縦 1080 × 横 1920，4k であれば縦 2160 × 横 3840，8k であれば縦 4320 × 縦 7680 である．

10　Android TV と呼ばれる受像機が存在し，AndroidOS を内蔵していることから，インターネット信号を受信することで，映像や音声を再生できる．

逆に，ストリーミングの短所は，以下のような2点である．

1. 安定したインターネット環境が必要であるということで，相応のスペックを備えた情報機器と通信環境が必要であるといえる．逆に言えば，通信環境によっては映像の乱れや音声の途切れなど、致命的な問題につながる可能性があるという点がストリーミング方式のデメリットである．
2. ストリーミング方式はファイル容量が重くなりがちな動画コンテンツでも，ストレージ容量やダウンロード時間を要することなく再生できるという反面，当然ながら視聴時間やファイル容量に応じてデータ通信量が増大するという点に注意が必要である．データ容量無制限の通信環境がない場合は，連続的な視聴によって通信制限（通信速度の上限を抑えるケースが多い）がかかる可能性がある．

コラム：複数のテレビジョン受像器を同時に視聴すると

実のところ，複数のテレビジョン受像機を同時に視聴すると，映像が同時に再生されるわけではなく，それぞれのテレビジョン受像器によって時間差をもって映像が再生されることが多い．その理由は，ディジタル放送にはデータ圧縮のためMPEG-2に符号化を行っている（ワンセグ放送ではH.264/AVCに符号化を行っている）ことから，復号化のための演算をデコーダ（符号化されたデータを復号化するための信号処理装置である．この逆に，データを符号化する装置はエンコーダという．）で行っているためで，テレビジョン受像機に内蔵されている処理装置の性能指数によって多少の遅延があるためと考えられている．

■演習問題■

問題5.1　テレビジョン放送におけるアナログとディジタルとの差異について概説せよ．

問題5.2　昨今販売されているAndroid TVと呼ばれるテレビジョン受像機にはAndroidOSがインストールされているが，どのような目的によるものか説明せよ．

問題5.3　ワンセグ放送を受信可能なスマートフォンが非常に少なくなった理由を考察せよ．

第6章

ディジタル信号の伝送

本章では，ディジタル放送のなかで大切な部分といえるディジタル信号の伝送について信号の扱いについて説明を行う．すなわち，0と1から成り立つディジタル信号の列をどのようにして，伝送しているかということを説明している．ここでは，いわゆる高周波の正弦波信号を変調理論の応用により，ディジタル信号の伝送を行うことで，その役割を果たしていることをこの章では述べている．

6.1　なぜ変調が必要か

ここでは，ディジタル信号がどのような形で電波として伝送されているか，それはなぜなのかを説明する [6].

図 6.1 に示すような入力ディジタル信号を電波として送信する際には，アナログ信号を変形させたものにしてから，伝送するようにしている．なぜかというと，図 6.1 のようにディジタル信号をおもむろに送信した場合にはそのディジタル信号の周期 T の正弦波だけでなく周期 T/n（n は 2 以上の整数）となるような高調波成分の正弦波を含んだ波形になるため[1]，この周期 T/n（n は 2 以上の整数）となるような高調波成分の正弦波を含まないような波形にしたいからである．

ところで，このような信号の波形を

$$v(t) = V_0(t)\cos(\omega_0(t)t + \phi(t)) \tag{6.1}$$

と表現する．つまり，右辺において，信号電圧の振幅 V_0，伝送信号の周波数 ω_0，伝送信号における位相 ϕ は，伝送方式によって時間 t の関数となる場合がある．

6.2　ASK 方式

式 (6.1) において，$V_0(t)$ だけを時間 t によって変化させるのが図 6.2(c) に示すような振幅変調（AM: Amplitude Modulation）を基本とした ASK 方式 (Amplitude Shift Keying) である．これは，図 6.2(a) に示すような入力ディジタル信号と図 6.2(b) に示すような搬送波との乗算にて表現されるものである．

つまり，

$$v(t) = V_0(t)\cos(\omega_0 t + \phi) \tag{6.2}$$

であり，入力信号（図 6.2(a) における振幅電圧を $V_i(t)$ とすれば

$$V_0(t) = \begin{cases} 1 & V_i(t) = 1 \\ 0 & otherwaise \end{cases} \tag{6.3}$$

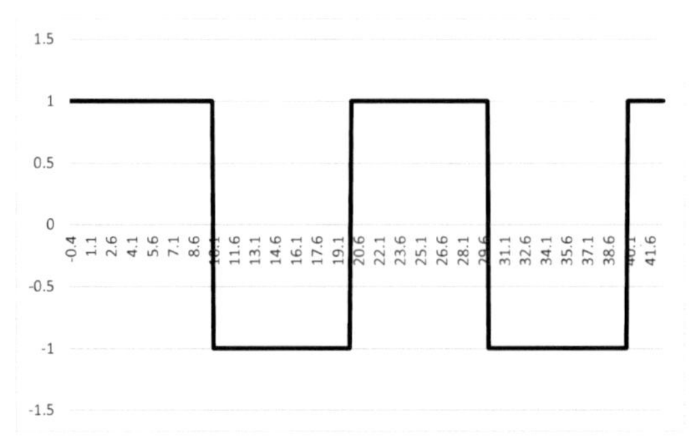

図 6.1　入力ディジタル信号

1　このような波形をフーリエ変換すると，その波形のもつスペクトルがわかる．

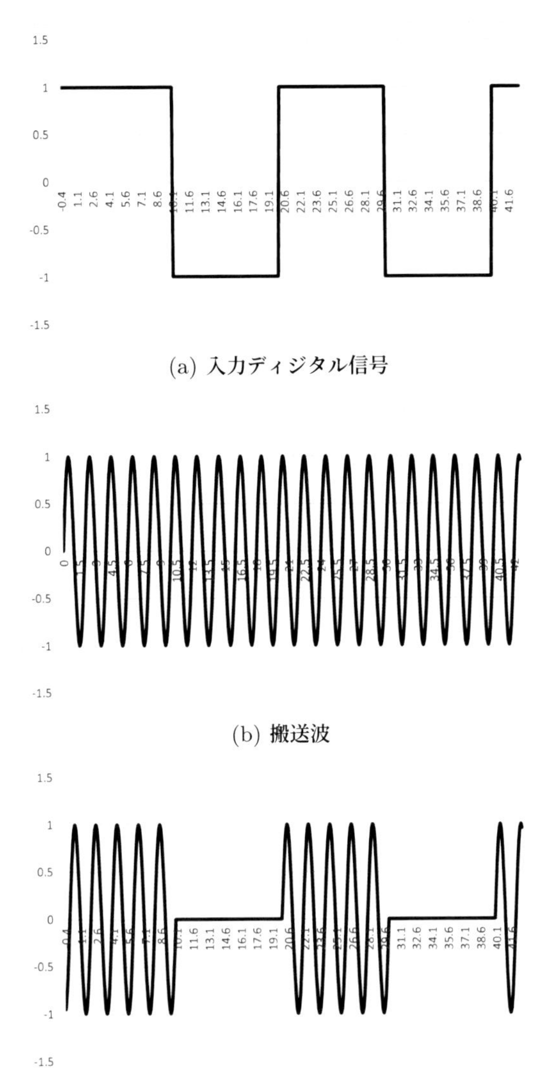

(a) 入力ディジタル信号

(b) 搬送波

(c) Amplitude Shift Keying (ASK)

図 6.2　ASK 方式

となる．このように，ASK 方式は，入力信号の振幅 $V_i(t)$ に応じて，信号電圧の振幅 V_0 を変化させる方法と言うことができる．

6.3　FSK 方式

式 (6.1) において，信号電圧の振幅 V_0 は一定とし，ω_0 を t によって変化させる方式が図 6.3 に示すような FSK 方式 (Frequency Shift Keying) というものである．この FSK 方式は周波数変調（FM: Frequency Modulation）を基本としたもので，ディジタル信号の伝送のために応用したものである．

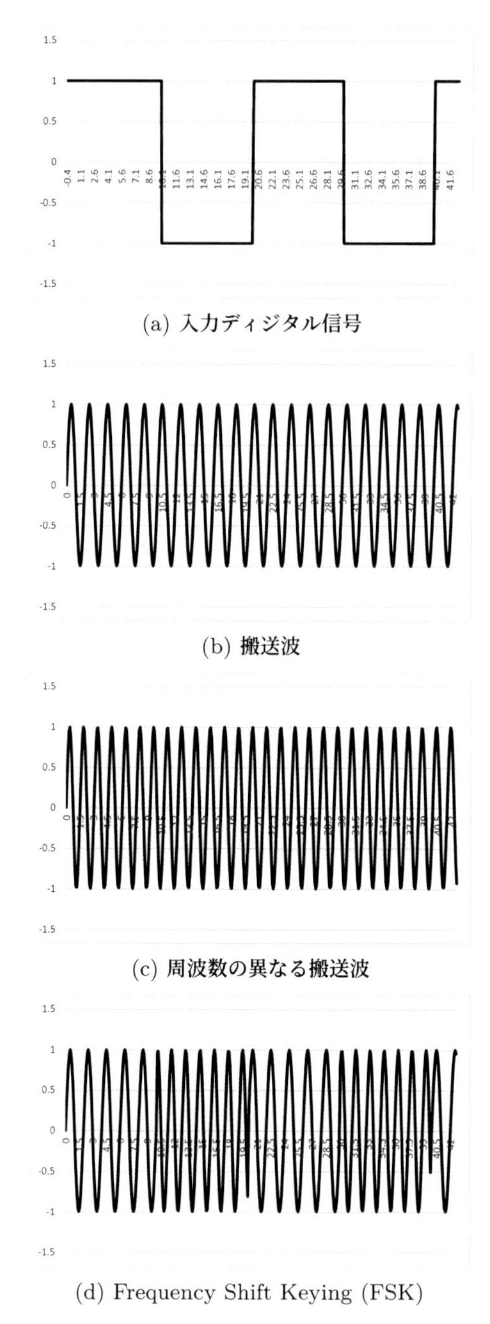

(a) 入力ディジタル信号

(b) 搬送波

(c) 周波数の異なる搬送波

(d) Frequency Shift Keying (FSK)

図 6.3　FSK 方式（入力ディジタル信号が 1 のときは (b) を，それでない場合は (c) の搬送波を選択する）

つまり，

$$v(t) = V_0 \cos(\omega_0(t)t + \phi) \tag{6.4}$$

であり，入力信号（図 6.3(a)）における振幅電圧を $V_i(t)$ とすれば

$$\omega_0(t) = \begin{cases} \omega_1 & V_i(t) = 1 \\ \omega_1 + \omega_2 & otherwaise \end{cases} \tag{6.5}$$

となる．この ω_2 は入力信号に 0 と 1 とに応じて変化する周波数であり，この ω_2 が検出されるかどうかでディジタル信号の 0 と 1 とを区別することが可能となる．

この方式は，最近の BlueTooth に用いられている．

6.4 PSK方式

式 (6.1) において，信号電圧の振幅 V_0 と搬送波周波数 ω_0 とを一定とし，入力ディジタル信号に応じて $\phi(t)$ を変化させるのが図 6.4(d) に示すような PSK 方式 (Phase Shift Keying) である．この PSK 方式は位相変調（PM: Phase Modulation）を基本とした方式であり，ディジタル変調方式として広く用いられている方式であるとともに，ディジタル放送においてもこの方法をベースにしたものである．ここでは，入力ディジタル信号の値が 1 の場合は図 6.4(b) の波形をとり，そうでない場合は図 6.4(c) の波形をとるようにしていることで，図 6.4(d) が得られるのである．

つまり，

$$v(t) = V_0 \cos(\omega_0 t + \phi(t)) \tag{6.6}$$

と表現でき，位相 $\phi(t)$ は，

$$\phi(t) = \begin{cases} \phi_0 & V_i(t) = 1 \\ 0 & otherwaise \end{cases} \tag{6.7}$$

となる．この ϕ_0 の存在により，入力信号に 0 と 1 とを検出することが可能となる．

6.5 CPFSK

図 6.5(a) に示すような入力ディジタル信号において，図 6.5(b) の FSK 方式や図 6.5(c) のような PSK 方式の場合だと，入力ディジタル信号において位相が変化する部分で，それぞれの波形に不連続な部分が発生する．このため，入力ディジタル信号において変化が起こる部分において，出力波形に連続性が現れるような工夫をしたものが，図 6.5(d) のような CPFSK 方式 (Continuous Phase Frequency Shift Keying) である．つまり，CPFSK 方式は FSK 方式における位相の不連続な変化が起こる部分において連続性が現れるようにしたものである．このような CPFSK 方式は，移動体通信における信号伝送方式の基礎となっているといわれ，このことより，ディジタル放送では，CPFSK 方式をベースとしたディジタル変調方式が用いられている．

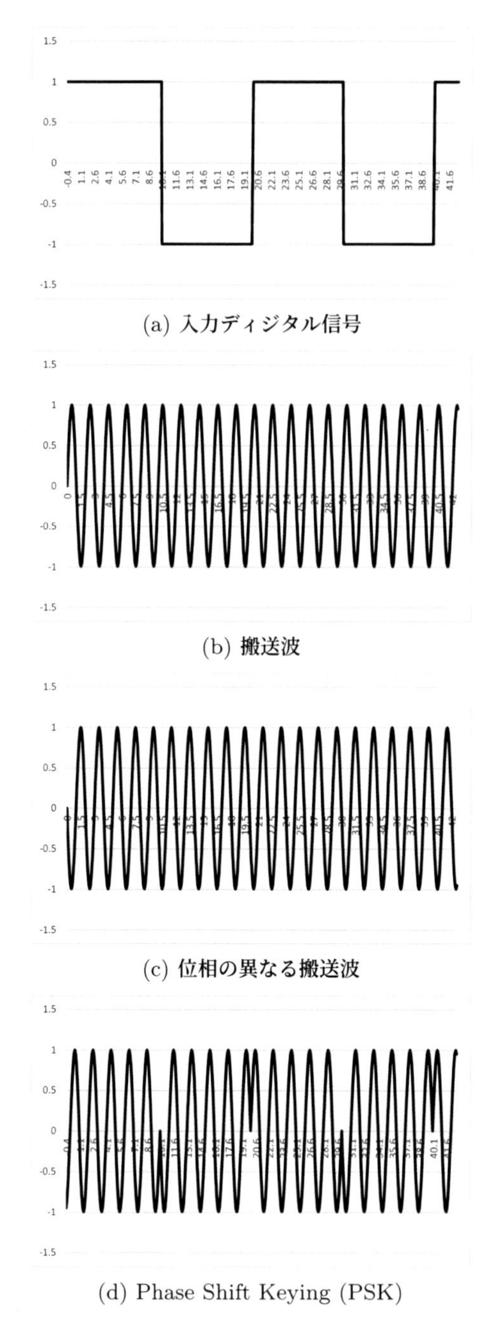

(a) 入力ディジタル信号

(b) 搬送波

(c) 位相の異なる搬送波

(d) Phase Shift Keying (PSK)

図 6.4　PSK 方式（入力ディジタル信号が 1 のときは (b) を，それでない場合は (c) の搬送波を選択する）

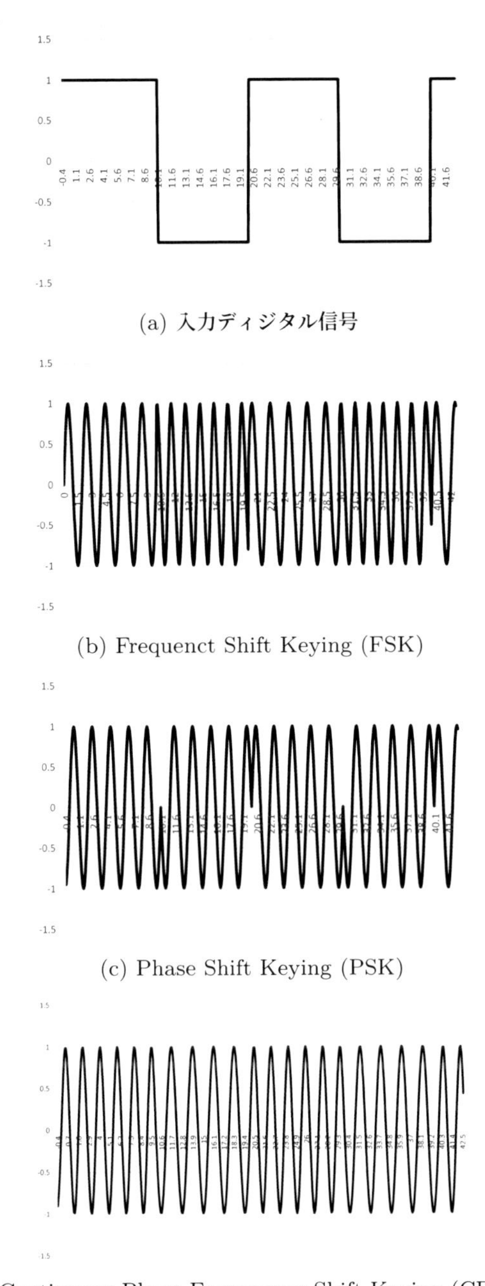

(a) 入力ディジタル信号

(b) Frequenct Shift Keying (FSK)

(c) Phase Shift Keying (PSK)

(d) Continuous Phase Frequnency Shift Keying (CPFSK)

図 6.5 CPFSK 方式（図 6.4(d) のような不連続点がなくなるように滑らかな曲線となるようにしたもの）

■演習問題■

問題 6.1　ディジタル信号の伝送において，矩形波のままで送信せず，搬送波を変調するのは何故か考察せよ．

問題 6.2　ASK 方式よりも FSK 方式や PSK 方式がディジタル信号の伝送に適しているという理由について考察せよ．

第7章

電子ディスプレイ

この章では，液晶ディスプレイ (LCD)，プラズマディスプレイ (PDP)，エレクトロルミネッセンス (EL)，陰極管ディスプレイ (CRT) について説明する．

7.1　液晶ディスプレイ(LCD)

液晶 (Liquid Crystal) とは，液体でありながら，固体としての F 性質を併せ持った物質のことをいう．すなわち，物質としては液体であるためこの液という文字をとり，光学的な性質という観点からは固体という意味で結晶の晶という文字をとり，この 2 つの文字を組み合わせたもので，これを液晶と呼んでいる．

図 7.1 に液晶パネルの構造を示す．図の下の方から，バックライトがあり，これが液晶パネルの光源となる．バックライトは蛍光灯もしくは LED を光源としてバックライトの面全体が均一な輝度になるように設計されている．このバックライトから出た光が液晶を通過して偏光角を変え，偏光板で通過もしくは遮断するようになる．この液晶で光の偏光角を変えるには，液晶分子に電界をかける必要があるが，その電界[1]は TFT（Thin Film Transistor)[2] より制御される．また，TFT を駆動させるために，データ線用ドライバー IC が実装される．すなわち，あらかじめ接続端子を形成したプラスチック基板に IC を実装し，プラスチック基板の接続端子と異方性導電テープを介して電気的かつ機械的に接続している．これを TAB(Tape Automated Bounding) 接続という．その TAB 接続を図として示すと，図 7.2 のようになる．

われわれが一般的にディスプレイとして用いている液晶パネルは，透過型液晶パネルであり，その画素部の構造ならびに等価回路[3]を図 7.3 に示す．液晶パネルにおける対向基板の表面には，

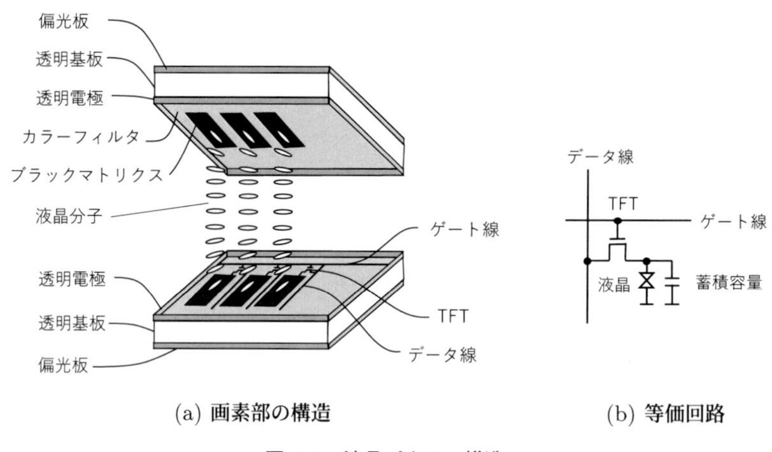

(a) 画素部の構造　　(b) 等価回路

図 7.1　液晶パネルの構造

1　電荷（+ の電荷を帯びた正孔や − の電荷を帯びた電子）に作用する力として定義されるものである．液晶ではこの電界によって分子配向を変えることができるため，明るさや色を調節できるのである．

2　機能としてはトランジスタと全く同じであるが，薄膜状の構造をしていることから，液晶ディスプレイにおける液晶配向のための電界制御などに用いられている．

3　電子回路において回路解析（回路に流れる電流などを計算すること）や動作の解析を行う際に，抵抗，コイル，コンデンサ，電源などの簡単な電気回路で使われる要素で表したものが等価回路と呼ばれる．また，複雑な電子回路を簡単な電子回路として書き直したものも等価回路と呼ばれることがある．

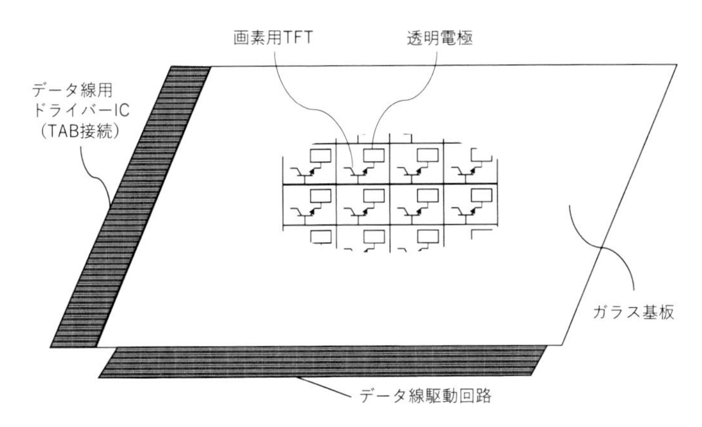

図 7.2 TFT 基板の構造

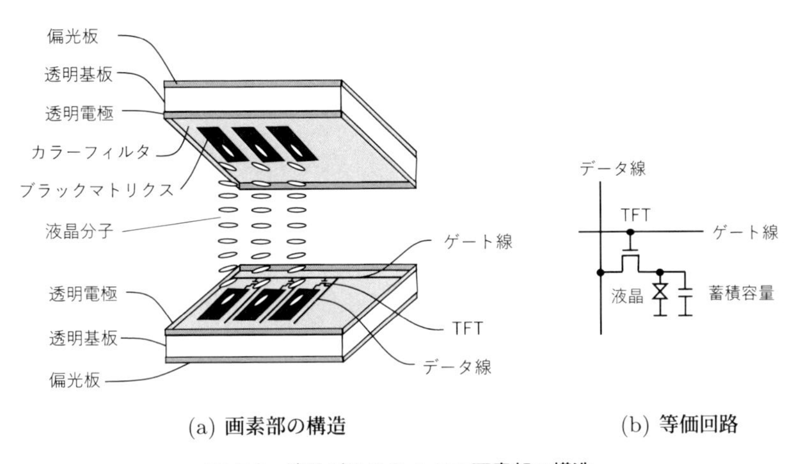

(a) 画素部の構造　　(b) 等価回路

図 7.3 液晶パネルの 1 つの画素部の構造

ブラックマトリクス，カラーフィルタ[4]，透明電極が順に形成される．ブラックマトリクスは画素を仕切るための枠のことであり，カラーフィルタには加法混色における色の 3 原色すなわち赤 (R)，緑 (G)，青 (B) の 3 種類のものがある．一般的な LCD では，赤 (R)，緑 (G)，青 (B) がストライプ状に配列され，これら 3 つをセットにして 1 つの画素を形成するようになっている．また，上下の基板の外側には偏光板[5]が互いの透過軸を直交するように配置されていて，上下の基板の内側には液晶の偏光角を変えるための TFT でつくられた透明電極が配置されている．

液晶分子を基板に対してどのような配向をさせるかによって，多くの種類の液晶表示技術が存在するが，その代表的なものにねじれネマティック液晶セルがある．これは，TN 型液晶セルなどと呼ばれ，液晶ディスプレイに広く用いられている．図 7.3(a) に示すように，2 枚の透明電極

4　バックライトから照射される光は一般的な照明光と同じものであり，様々なスペクトルを持っている．このため，ディスプレイから特定の色を作り出すために，特定の色（または特定の波長）だけを通過させるフィルタをカラーフィルタという．カラーフィルタには，赤 (R)，緑 (G)，青 (B) の 3 種類があり，これらの 3 原色の加法混色によって様々な色を作る出せるのである．

5　光は非常に短い波長を持った電磁波であり，振動の面を持っている．それぞれの光の持つ振動の方向を偏光という．偏光板または偏光フィルタとよばれるものはある一定の方向に振動する光の成分だけ通過させるものである．

の間に電界が存在しない場合には，液晶分子の方向が 2 つの基板の表面で互いに直交するようになっている．すなわち，下側の表面から上側に光が進むにつれて，液晶分子の配向方向の回転と同様に光の偏光方向が回転するのである．

バックライトから照射される光は一般的に無偏光であるが，液晶パネルの入射側で一方の直線偏光成分だけが入射して，他方の直線偏光成分は反射もしくは吸収される．液晶分子に電界を与えていない場合には，図 7.4(a) に示すように液晶を透過した直線偏光は 90° 回転して出力側の偏光板に到着することになる．このときの偏光面は上側の偏光板の偏光角と同じになるので透過することとなり，そこにたとえば緑 (G) のカラーフィルタがあった場合には，その画素では緑色を発光することになるわけである．

また，液晶分子に電界を与えた場合には，図 7.4(b) に示すように液晶を透過した直線偏光は回転することなく出力側の偏光板に到着することになる．このときの偏光面は上側の偏光板の偏光角と直交するため光は遮断されることとなり，そこにたとえば緑 (G) のカラーフィルタがあった場合でも，その画素は発光しないことになるわけである．

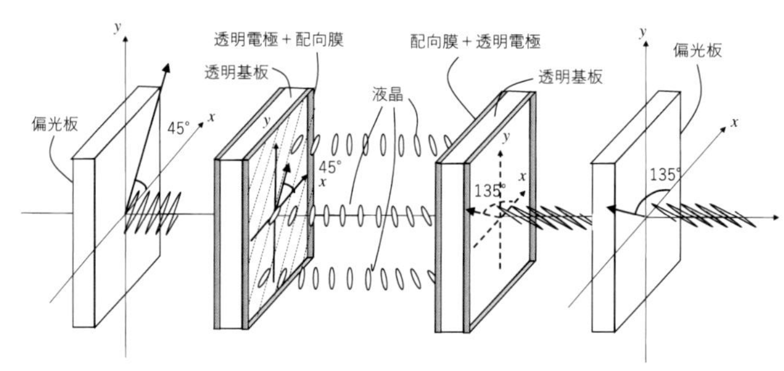

(a) TN セルに電圧を印加しない場合

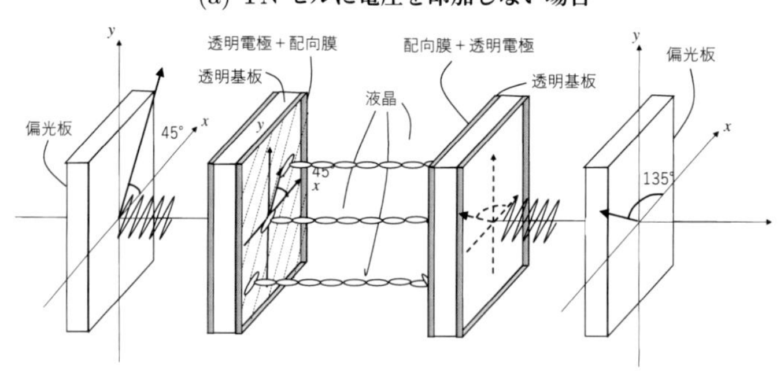

(b) TN セルに電圧を印加した場合

図 7.4　TN セルの動作

7.2 プラズマディスプレイ (PDP)

プラズマディスプレイ (Plasma Display Panel: PDP) は，ガス放電[6]を利用したディスプレイであり，キセノン (Xe) の紫外発光により 3 原色の蛍光体を励起発光させることによって，フルカラー表示を実現させている．

7.2.1 カラー PDP の構造

カラー PDP は，対角 30 インチ程度から 100 インチを超える大画面を，分割することなく 1 枚の基板で作製する大画面薄型平面マトリクスディスプレイ技術によって作られるということができる．

実用化されている一般的なカラー AC PDP（交流型 PDP）は面放電 3 電極タイプで，図 7.5 に示すように，電極を配置した 2 枚のガラス基板をその周囲で密封した構造のパネルになっている．パネルには，放電により真空紫外発生源となるキセノン（Xe，147nm の原子発光と 180nm 付近の分子発光を利用）とネオン（Ne）とヘリウム（He）などの混合ガスが 650hPa 程度充填されている．放電によって発生した真空紫外線は，赤，緑，青の蛍光体を励起することによって可視光を発光することとなる．

パネルはマトリクス配置された画素で構成され，図 7.6 に示すように各画素は，R,G,B の 3 原色のサブピクセルから構成される．通常，サブピクセルは独立して放電のオン/オフ制御を行うセルという 1 つの放電単位に相当している．面放電 3 電極タイプ AC PDP のセルには，輝度表示を行う平行した表示電極対が前面板に水平に配置され，背面板には垂直にアドレス電極が配置される．このアドレス電極と表示電極の片方である走査電極との間の放電によって，セルごとの維持放電（表示放電とも呼ばれる）のオン/オフ制御が行われて画面表示がなされる．また，各電極はパネル周囲に引き出されて駆動回路に接続される．

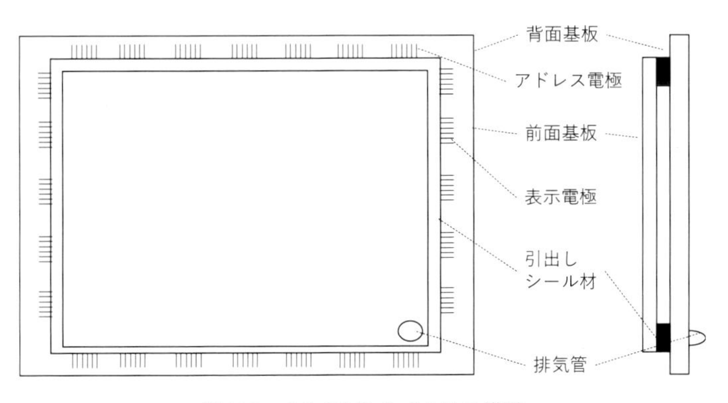

図 7.5 AC PDP のパネルの構造

6 放電現象は雷などのように火花状のものが発生する現象である．ところが，放電現象を起こさせるためには空気中では非常に高い電圧を必要とするため，低い電圧で放電現象を起こさせるために真空状にした上で色をつけるためにわずかに希ガス（ヘリウム，ネオン，キセノンなど）を封入したチューブで放電を起こさせる．このことが，PDP の発光原理である．また，蛍光灯ではランプ中を真空にした上で管の内部に蛍光体を塗布して白色やシリカ電球色などを発生させている．さらに，ネオンサインも同じようなガス放電の現象を利用したものである．

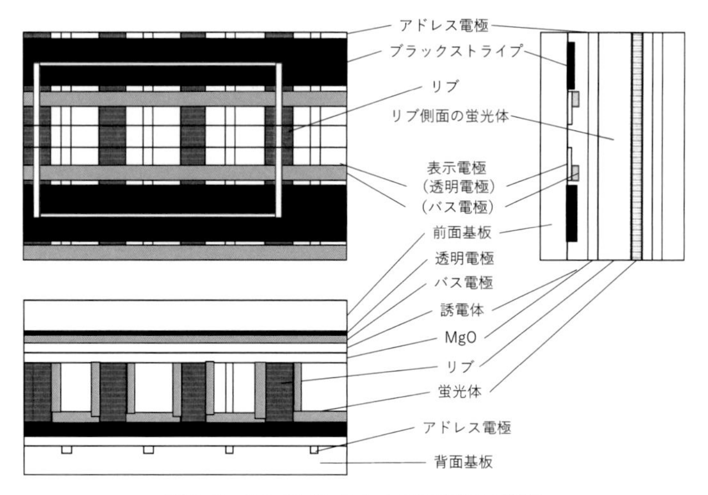

図 7.6　AC PDP の 1 つの画素部の構造

7.2.2　カラー PDP の表示

PDP の表示の基本はガス放電である．ガス放電には，放電開始電圧以上の電圧を印加しなければ放電は起こらず，放電開始電圧以上の電圧を印加すれば放電が開始されるという特性がある．図 7.7(b) に示すように，PDP の放電セルの電極間に電圧を印加しゆっくりと上昇していくと，電極間のガスの絶縁破壊電圧になったところで火花放電を起こす．

ガス放電は，一度放電を起こすと放電空間の抵抗値が非常に低くなり，一度放電が開始すると印加電圧を放電開始電圧（v_f）に下げても放電は持続し，最小維持電圧（v_{sf}）以下になって初めて放電が終了するという現象が見られる．

この放電現象によって，カラー PDP は表示が行われることになる．ところで，PDP の階調表示については，画像の 1 フィールド（テレビ画面では 1 フィールドに要する時間は 1/60 秒である．）を輝度の異なるいくつかのサブフィールドに分割し，それぞれのサブフィールドでは 2 階調を表示させ，表 7.1 に示すようなサブフィールドの割り当てにしたがった組み合わせにより階調を作り出している．各サブフィールドの輝度は 1,2,4,8,16,32,64,128 の比率で構成され，この組合せによって 256 段階の輝度を作ることができる．これらの各サブフィールドにおける表示期間の放電回数は 2 の階乗倍にて割り当てられることになる．この重み付けは，0 から 255 までの整数を，8bit の 2 進数にして割り当てを行っている．

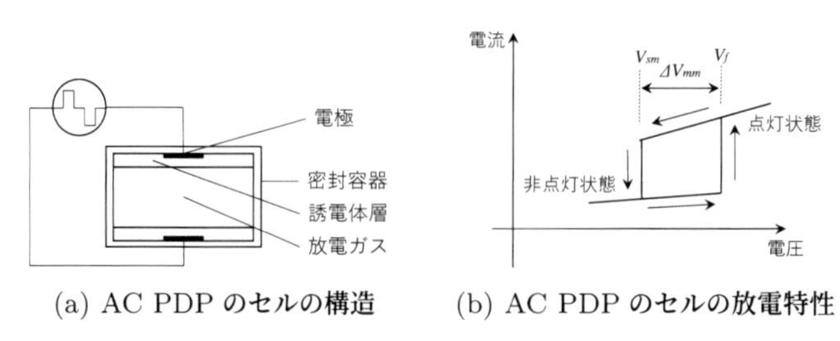

(a) AC PDP のセルの構造　　(b) AC PDP のセルの放電特性

図 7.7　AC PDP のセル

表 7.1 サブフィールドの割り当て

階調レベル	サブフィールドの重み付け							
	1	2	4	8	16	32	64	128
低輝度								
↑								
119	○	○	○	×	○	○	○	×
120	×	×	×	○	○	○	○	×
121	○	×	×	○	○	○	○	×
122	×	○	×	○	○	○	○	×
123	○	○	○	○	○	○	○	×
124	×	×	×	○	○	○	○	×
125	○	×	×	○	○	○	○	×
126	×	○	×	○	○	○	○	×
127	○	○	○	○	○	○	○	×
128	×	×	×	×	×	×	×	○
129	○	×	×	×	×	×	×	○
130	×	○	×	×	×	×	×	○
↓								
高輝度								

7.3 有機 EL ディスプレイ

EL ディスプレイの EL とはエレクトロルミネッセンス (Electroluminescence) のことであり，電流を流して発光する素子を用いたディスプレイのことを指す．EL には発光素子となる部分が，有機物か無機物かで，有機 EL とか無機 EL と呼んだりする．ここでは，有機 EL について説明する．

一般的な有機 EL ディスプレイは，図 7.8 の上部にある全体像に示されるように，TFT 基板

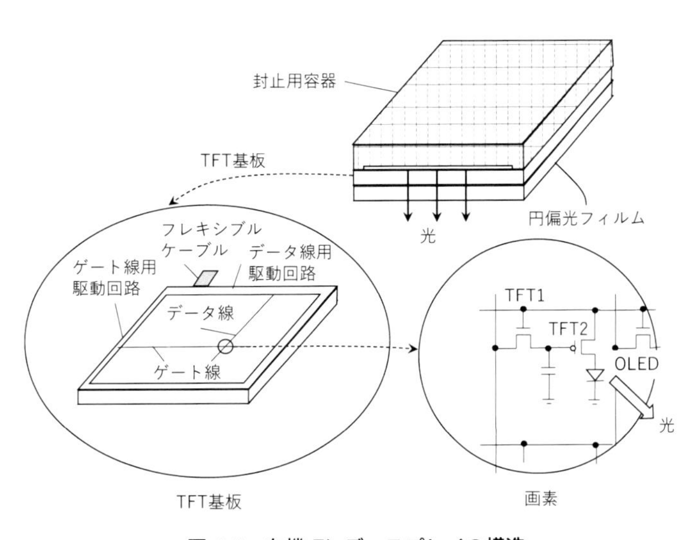

図 7.8 有機 EL ディスプレイの構造

の上面に形成した多数の有機発光ダイオード (OLED) を封止用容器により外界から保護し，外光からの反射を防ぐために TFT 基板の下面には円偏光フィルムを貼り付けることにより構成される．

TFT 基板は，透明電極の上の発光素子アレイとその駆動回路を集積することによって構成される．また，図 7.8 の小円内に示されるように，基本的な画素回路は，トランジスタ 2 個，コンデンサ，有機発光ダイオード (OLED) から構成される．TFT2 は OLED に電流を流すためのトランジスタである．この TFT2 のゲート電極にはコンデンサがつながっており，TFT1 を通じて TFT2 のゲート電圧を外部から設定できるようになっている．

図 7.8 の画素回路の例では，次のような手順で画像を表示する．

1. データ線用ドライバーを操作し，すべてのデータ線の電位を出力パターンに応じて設定する．すなわち，ディスプレイから出力したい光量に応じて，データ線の電位パターンを設定するのである．
2. ゲート線ドライバーを操作して，ある 1 本のゲート線に接続された TFT1 を ON とする．
3. それぞれのデータ線の電位が，ある 1 本のゲート線で選択された画素のコンデンサに書き込まれる．
4. コンデンサに保存された電圧は，各画素における TFT2 の電流の大きさ，すなわち，OLED の発光量を決めることになる．
5. これらの動作をすべてのゲート線で繰り返すことにより，画像が表示される．

この手順による駆動方式を，電圧駆動型と呼ぶ．一般的に有機層からの発光は等方的であるため，下面発光型の OLED は，透明な陽極 (Anode) と不透明な陰極 (Cathode) を積層してつくられる．また，上面発光型の OLED は，透明な陰極 (Cathode) と不透明な陽極 (Anode) を積層してつくられる．さらに，折りたたみ式の携帯電話のために，陰極も陽極も透明材料で作製された両面発光型の OLED の開発も行われた例もある．

7.4　CRT ディスプレイ

図 7.9 にカラー CRT ディスプレイの断面構造を示す．これはインライン電子銃方式である．電子銃からは 3 本の収束イオンビームが発射され，蛍光面上で 1 点に集中するようになっている．ガラスでできたパネル（ガラスパネルという）の外周にはいわゆるスカート部が設けられていて，ファンネル部に接続されるようになっている．蛍光面は，ガラスパネルの内面に赤，緑，青の蛍光ストライプを形成したものとなっている．蛍光面にほぼ平行にシャドウマスクが設けられていて，スカート部で保持されている．図 7.10 に示すようなシャドウマスクには細かいスリットが多数設けられていて 3 本のビームがそれぞれ蛍光体に正しくあたるようになっている．

蛍光体ストライプは通常の視距離（ディスプレイの対角線長の 5 倍）から見た場合には，肉眼では改造できないほど細かくつくられていて，3 本の電子ビームで形成される蛍光面のスポット（これは普通何本かの蛍光体ストライプにつながっている）は，それぞれの蛍光体発光が加算された色（加法混色という）と輝度で発光する．蛍光面とシャドウマスクには 25〜32kV の高電圧

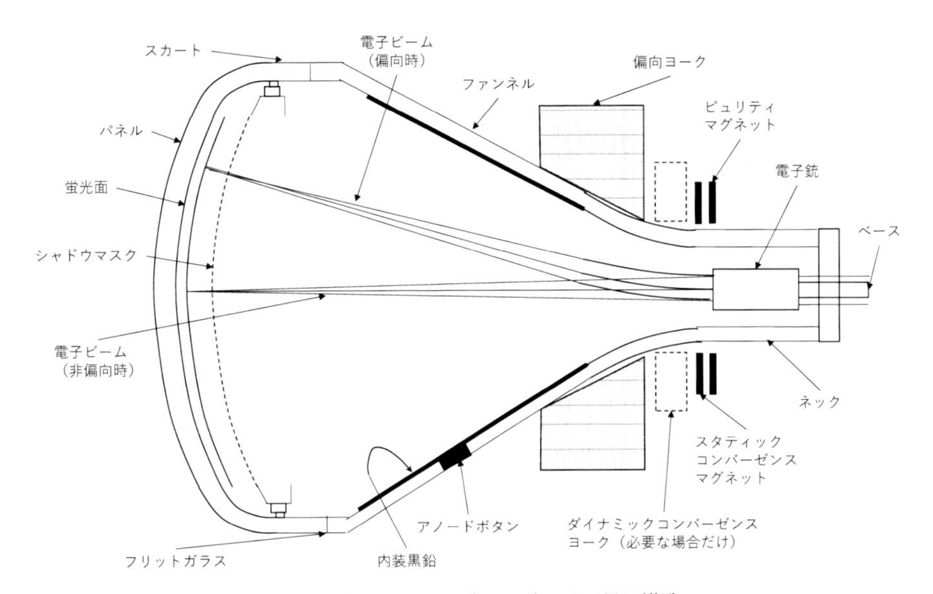

図 7.9 カラー CRT ディスプレイの断面構造

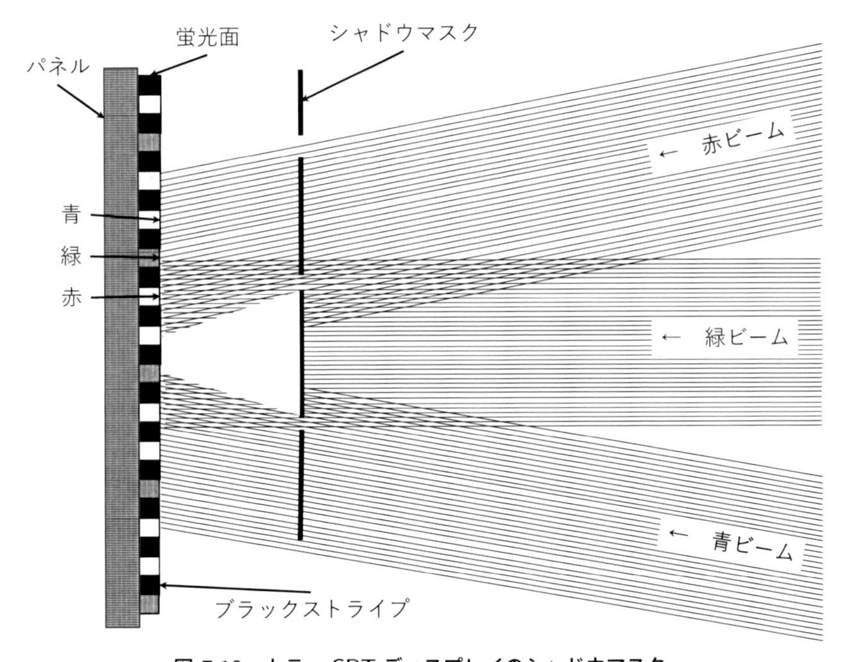

図 7.10 カラー CRT ディスプレイのシャドウマスク

がアノードボタンや内部導電膜を通じて与えられ，同時に電子銃最終電極にも同じ電圧を掛けることによって，電子銃と蛍光面との間の空間を無電界としている．

電子銃から出た 3 本のビームは，偏向磁界[7]がない場合には蛍光面中央で一点に集中するよう

7 電子銃から発射された収束イオンビームの進む向きを変えるための磁界である．磁界とは磁石などから発生する力の勾配を表したものであり，その分布を簡単に知る方法としては磁石の近くに砂鉄を置くことであるとされる．

に設計されている．CRT ディスプレイが動作しているときは，ネック間とファンネル部に接合された偏向ヨークによって，同時に 3 本のビームを水平方向，垂直方向に偏向して蛍光面上にラスタ走査状にパターンを形成させている．

図 7.11 にインライン電子銃とストライプ蛍光面との関係を示す．このように，3 本の電子ビームはそれぞれ赤ビーム，青ビーム，緑ビームとなってインライン配列となっているため，3 本の電子銃は水平面にほぼ並行に配列されている．蛍光面には赤 (R)，緑 (G)，青 (B) の蛍光体がストライプ状（縦縞状）に配列され，一組の三色縞は対応するシャドウマスクのスリットと性格に整合するように位置決めされている．色選択を正しく行うためには水平方向の位置精度だけが重要になっている．この図 7.11 に示すように集中されたビームスポットは 3 色蛍光体縞の何組かにまたがる形となるのである．

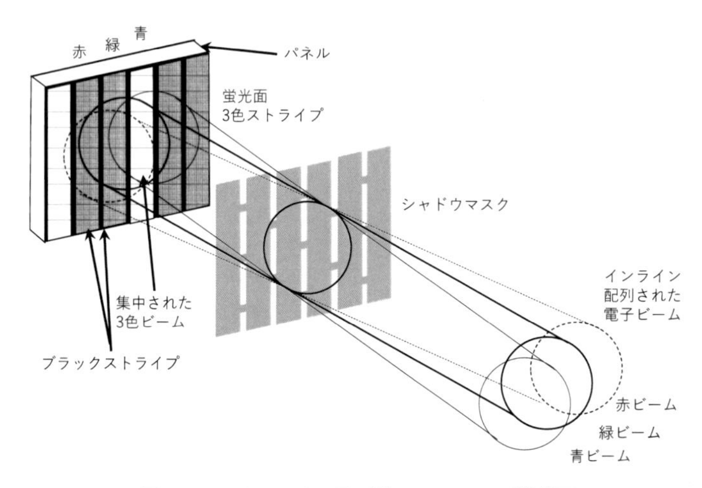

図 7.11　インライン電子銃とストライプ蛍光面

7.5　電子ディスプレイの画質評価

電子ディスプレイの画質評価には，

1. 原画像に対して忠実に再現されている．
2. 色の再現性がよい．
3. ゴーストなどが発生しない．
4. 階調濃度の変化が少ない領域で雑音が少ない．
5. エッジの領域となる部分で応答が優れている．
6. 動画の場合には，パン，チルト，ズームなどに対しても良好な応答を示すこと．
7. 文字画像と自然画像が混在しても良好な応答を示すこと．

という点について評価を行う．昨今のような HDTV，4k ならびに 8k などの映像を用いる場合には図 7.12〜図 7.16 に示すような映像情報メディア学会から出されているテストチャートを用いて評価する．

■演習問題■

問題 7.1　液晶において表示できる階調数を高くするためにはどのようにすればよいか考察せよ．

問題 7.2　PDP の小型化が難しい理由を説明せよ．

問題 7.3　昨今のスマートフォンにおけるディスプレイは EL が主流になってきているが，その理由について考察せよ．

問題 7.4　LCD,PDP,EL,CRT について長短をそれぞれ列挙せよ．その上で，それぞれがどのような場所に置くことが適しているか吟味せよ．

(a) 瓶と果物　(b) 花かご　(c) 玄関ホール
(d) 玩具と少年　(e) 習字　(f) 教会
(g) サッカー　(h) 野球　(i) 飛行機
(j) 天気予報　(k) クロマキー（花）　(l) 合成画像（シーンチェンジ）
(m) 文字パターン　(n) 回転板（シャッタ 1/250 秒）　(o) 振り子（シャッタ 1/250 秒）
(p) 花畑の中の女性（SN 比 25dB）

図 7.12　ハイビジョン用標準画像

(a) No.1 本（Books）
(b) No.2 オルゴール（MusicBox）
(c) No.3 苔庭（Moss）
(d) No.4 着物（Kimono）
(e) No.5 ステンドグラス（StainedGlass）
(f) No.6 蝶（Butterflies）
(g) No.7 クロマキー（ChromaKey）
(h) No.8 海（Sea）
(i) No.9 花（Flowers）
(j) No.10 帆船（Ship）

図 7.13　テストチャート・超高精細・広色域標準静止画像

(a) No.1　電車 A(TrainsA)　※ 8K 版のみ
(b) No.2　電車 B(TrainsB)　※ 8K 版のみ
(c) No.3　電車 C(TrainsC)　※ 4K 版のみ
(d) No.4　高速道路 (Expressway)
(e) No.5　製鉄所 (SteelPlant)
(f) No.6　けんか祭り (Festival)
(g) No.7　桂川 (River)
(h) No.8　楓 (JapaneseMaple)
(i) No.9　舞妓 (Maiko)
(j) No.10 和傘 (Umbrella)
(k) No.11 十二単 (LayeredKimono)
(l) No.12 気動車 (Railcar)

図 7.14　テストチャート　超高精細・広色域標準動画像　A シリーズ

(a) No.1 水球 (ゴール)
[Water polo(goal)]

(b) No.2 水球 (開始)
[Water polo(sprint)]

(c) No.3 競馬 (ダート)
[Horse race(dirt)]

(d) No.4 競馬 (芝)
[Horse race(turf)]

(e) No.5 競馬 (ゴール)
[Horse race(finish)]

(f) No.6 パドック [Paddock]
※ 4K 版のみ

(g) No.7 マラソン (スタート)
[Marathon(start)]

(h) No.8 マラソン (フィックス)
[Marathon(fixed)]

(i) No.9 マラソン (パンダウン)
[Marathon(panning down)]

(j) No.10 水球 (横スーパー)
[Water polo(crawling text)]

(k) No.11 水球 (縦スーパー)
[Water polo(scrolling text)]

(l) No.12 ドラマ (りんご)
[Drama(apple)] ※ 4K 版のみ

(m) No.13 ドラマ (コーヒー)
[Drama(coffee)] ※ 4K 版のみ

(n) No.14 ドラマ (実家)
[Drama(home)] ※ 4K 版のみ

(o) No.15 ドラマ (入室)
[Drama(walking in)]
※ 4K 版のみ

(p) No.16 ドラマ (花束)
[Drama(bouquet)] ※ 4K 版のみ

図 7.15 テストチャート 超高精細・広色域標準動画像 B シリーズ

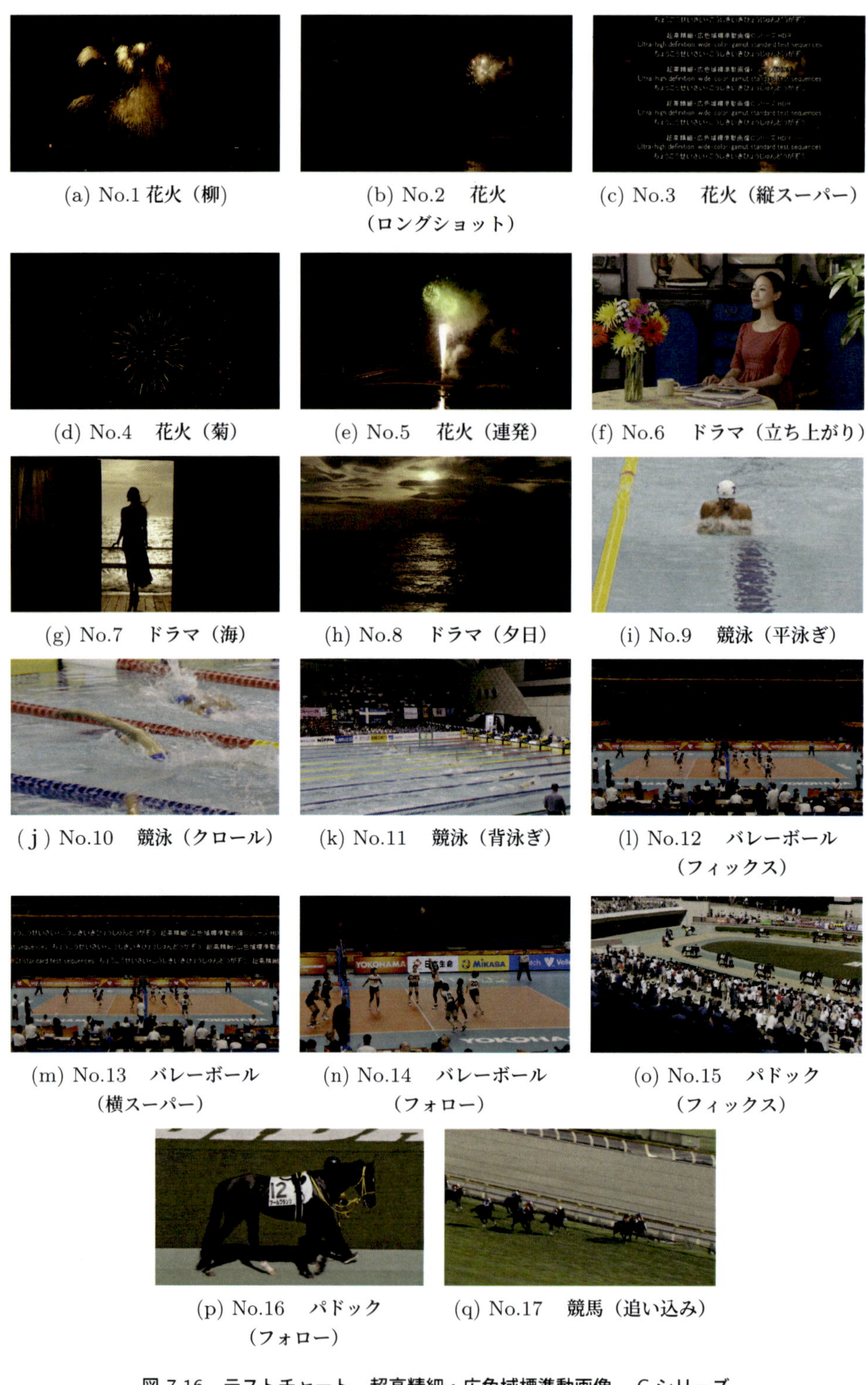

(a) No.1 花火（柳）
(b) No.2　花火（ロングショット）
(c) No.3　花火（縦スーパー）
(d) No.4　花火（菊）
(e) No.5　花火（連発）
(f) No.6　ドラマ（立ち上がり）
(g) No.7　ドラマ（海）
(h) No.8　ドラマ（夕日）
(i) No.9　競泳（平泳ぎ）
(j) No.10　競泳（クロール）
(k) No.11　競泳（背泳ぎ）
(l) No.12　バレーボール（フィックス）
(m) No.13　バレーボール（横スーパー）
(n) No.14　バレーボール（フォロー）
(o) No.15　パドック（フィックス）
(p) No.16　パドック（フォロー）
(q) No.17　競馬（追い込み）

図 7.16　テストチャート　超高精細・広色域標準動画像　C シリーズ

第8章

プリンタ

ここでは，表示デバイスとして紙などに情報を表示するプリンタについて扱う．

8.1　サーマル記録

8.1.1　サーマル記録とは？

サーマル記録では，温度の高低や熱量の大小を画像形成の手段に使うのである．この方法は，「感熱記録」とか「熱記録」などと呼ばれるが，後述する「感熱紙」とのつながりだけを特に意識して技術範囲を狭くとらえることがないように，ここでは，「サーマル記録」と呼ぶことにする．

ある物質がどの部分においても化学的および物理的性質が均質状態にあるときに，この物質は1つの相にあるとみなされる．熱を利用して記録するときに，感熱紙のように直接発色する系においても熱転写記録のように物質がよそに移行する系にあっても，色材それ自体，色材およびバインダを含む全体，または，色材を取り囲んでいる周囲の物質のいずれかが溶融ないし昇華という過程を経るのである．この過程において，固体から液体への相転移もしくは固体から気体への相転移がおこっていて，これを第1次相転移という．サーマル記録ではこのような第1次相転移を積極的に利用した記録技術なのである．

カラー画像を見るときに，人間は画像の濃度（光吸収の強さ）と色（光吸収波長）の両者を同時に認識している．感光材料の典型であるところの銀塩写真（写真フィルムから現像した写真のことである）では，光の強度に対応して分光増感処理[1]を通して色の情報を画像に与えることによってカラー化対応を容易に果たしているのである．これに対して，感熱材料の場合には，画像濃度は熱量によって制御できるが，色に相当する属性を熱が持たないという理由から，カラー化に対しては何らかの技術を組み込む必要があるとされている．その方法は，記録用紙に色を順次重ねて記録する方法のことをいう．

画像の記録は，ディジタル情報に基づいて発生したパルス[2]的な熱を記録材料の極小部分に対して与えることによって行われる．加熱方法として代表的なのは，サーマルヘッド[3]に代表される発熱デバイスから記録媒体に熱を直接伝達する方法である．サーマルヘッドは一列に並んだ微小発熱体を持っていて，0.1〜10m sec オーダの通電で瞬時に発熱するものであり，感熱紙記録でよく使われる厚膜タイプか，インクリボンなどによる溶融熱転写でよく使われる薄膜タイプのものとがある．

8.1.2　サーマルプリンタ

サーマルプリンタとは，サーマルヘッドの形状に基づいて，ライン型とシリアル型の2通りがある．

ラインプリンタでは図8.1に示すように，記録用紙の幅に相当する長さの基板上に一列の発熱体（500〜5000ドット）をもちサーマルヘッドを用いて1ドットライン単位で文字や画像を記録する．記録のとき，サーマルヘッドは動かずに，記録用紙がサーマルヘッドの長さ方向に対して垂直方向に動く．このラインプリンタは静電記録方式のプリンタやインクジェット方式のプリン

1　表示されている感度よりも高い感度となるような現像処理を行うことである．または，感度を高める処理をフィルムに対して行うことをいう．

2　パルスとはきわめて短い時間だけ値が存在する波のことをいう．このパスるを時系列的に複数並べたものをパルス列という．とくにインパルスとは一瞬だけ値が存在しそれ以外の時間では0となるようなものをいう．

3　インクジェットプリンタにおいてインクを熱で溶かして吹き付けるためのノズル状のヘッドである．

タと比較して可動部が少ないという特徴を持つ．

シリアルプリンタは図 8.2 に示すように，サーマルヘッドと記録用紙がお互いに直交するような方向に動きながら記録がなされていくのである．このサーマルヘッドと熱転写リボンを，インクジェットに換えるとインクジェットプリンタの方式と同じになる．

通常のサーマルプリンタでは解像度は高々数百 dpi（dpi とは dot per inch で 1 インチあたり何ドットとなるかという指標である）であるといわれている．このことから，旧式のラインプリンタやシリアルプリンタ，家庭用の FAX 電話にはこの方式が多く用いられている．

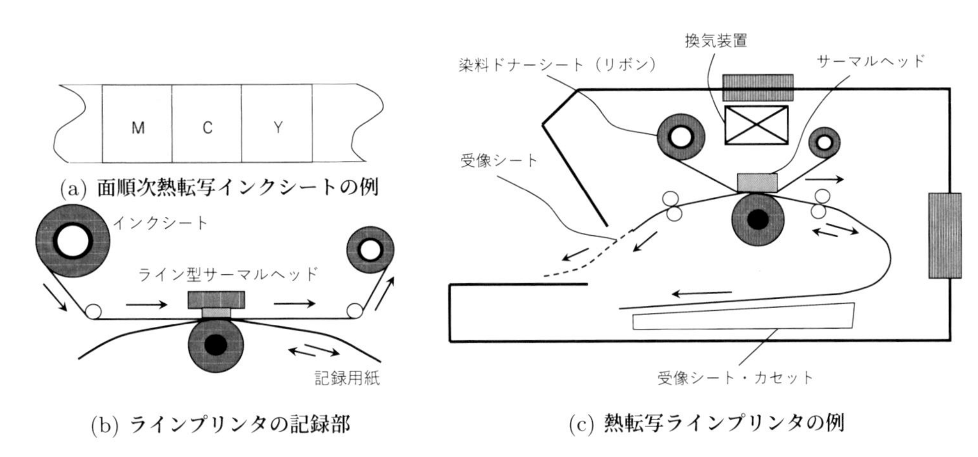

(b) ラインプリンタの記録部　(c) 熱転写ラインプリンタの例

図 8.1　ラインプリンタ

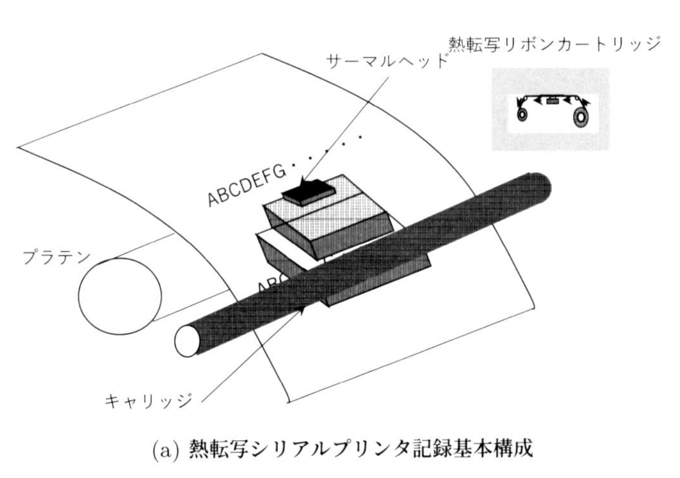

(a) 熱転写シリアルプリンタ記録基本構成

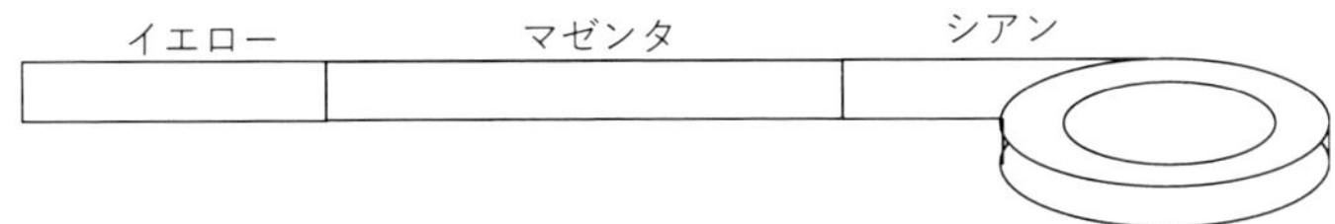

(b) 順次塗布型の方カラー熱転写リボン

図 8.2　シリアルプリンタ

コラム：ドットインパクトプリンタ

ドットインパクトプリンタとは，ピンを縦横に並べた印字ヘッドをインクリボンに叩きつけ，圧力で紙に文字の形の「跡」を付けることにより印刷を行なうプリンタである．また，複写用紙 (カーボン紙) を使う重ね印刷を行うこともできる．このプリンタはピンを叩きつける方式であることから動作音が大きく，解像度も上げにくいことから，現在では複写用紙 (カーボン紙) を使う伝票（例えば，荷物発送のための送付先などを記入した伝票や，請求書と納品書などの組み合わさった伝票など）の重ね印刷以外の用途ではほとんど使われていないが，1980 年代から 1990 年代前半はこのプリンタが非常に多かった．

8.2　電子写真記録

ここでは，近年広く用いられてきているコピー機やレーザビーム方式によるプリンタ，すなわち，電子写真記録方式に関する概要を示す．

この電子写真記録法の代表的方法として知られるカールソン法は 1938 年に発明された．カールソン法の基本原理は，以下のようになる．

1. 光導電性を有する感光体を一様に帯電する．
2. 紙に光学的潜像（電荷像）を形成し，その静電潜像に対して静電引力が働く極性を持った荷電粒子（トナー）を付着させ現像（可視像化）する．
3. このトナー像を普通紙などの受像媒体上に転写した後，固着プロセスがなされ，印刷が完了する．

上記のようなプロセスは，図 8.3 に示されるように，帯電–露光–現像–転写–定着–除電–クリーニングの 7 つのステップによって白黒の画像が形成されるが，カラー画像を得るためにはこの 7 つのステップをシアン (C)，マゼンタ (M)，イエロー (Y)，黒 (K) についてそれぞれ行うことによって行われるのである．

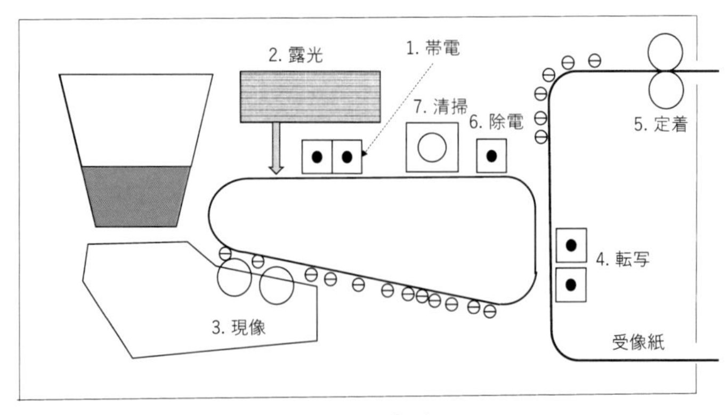

図 8.3　電子写真プロセス

この方法は潜像（版）を度ごとに形成することから，無版印刷とも呼ばれる．

ところで，以下に，電子写真方式の概要を詳述する．

帯電プロセスでは，非接触帯電法を用いる場合と，帯電ロール方式による場合との 2 通りがある．非接触帯電法を用いる場合では，直径 50〜100μm 程度のタングステンワイヤを 10mm 程度の間隔で感光体に対向させ，その周りに金属シールドで囲い構成されたコロナトロンという帯電器を用い，ワイヤに 5〜10kV の高電圧を印加し，空気中でコロナ放電を発生させたイオンを感光体に導くものである．帯電ロール方式による場合では，電圧が印加されたローラを感光体に接触させ，接触部近傍の微少な隙間で発生する放電イオンを利用するものである．

感光体では，物質の光導電現象を利用しているが，それらに用いられている材料は，

- 酸化亜鉛や硫化カドミウムなどの無機結晶・樹脂分散系
- セレンおよびその合金からなるアモルファスカルコゲナイト系材料
- アモルファスシリコン系材料
- 有機光導電体 (OPC: Organic Photo Conductor) 系材料

などが使用されている．いずれの場合でも，50〜100μm 程度の膜厚で形成されるが，最近では，OPC 感光体が用いられるケースが多くなってきている．その理由は，生産コストが安いこと，廃棄性がよいこと，レーザプリンタのために赤外域に感度を持たせる，という点が挙げられる．

アナログ系電子写真装置では，原稿画像を線走査機構により光学レンズ系を通じて感光体面上にスリット露光する．ディジタル系電子写真装置では，CCD(Charge Coupled Device) など光–電子変換素子上に縮小もしくは等倍光学系により結像された情報を光電変換した後，半導体レーザや LED アレイによって再び電光変換し感光体に光学像を書き込むことになる．また，プリンタとして用いられる場合には，PC などから伝達されるディジタル画像情報を光情報に変換して感光体に光学像を書き込むことになる．

現像プロセスには，トナーの帯電を行い，トナーを現像領域へ搬送し，現像電界に沿ったトナーの感光体へ移行する，の 3 つの機能がある．このプロセスには二成分磁気ブラシ現像法や磁気一成分現像法などが実用化されているが，ここでは，二成分磁気ブラシ現像法を例にとって説明する．まず，トナーをフェライトなどキャリア粒子と撹拌することによって摩擦帯電させる．次に，内部にマグネットを配置した現像スリーブを回転させ，摩擦帯電したトナーとキャリアとの混合物（これを現像剤という）を磁力によって現像位置に選ぶ．この現像剤は磁界に沿って鎖状につながり，ブラシのような形態を示す．続いて，現像領域でスリーブと感光体とを 1〜2mm 間隔で対向させ，磁気ブラシで感光体を擦ることによってトナーを静電潜像パターンに従って移行させることによって，画像が可視化されるのである．

ここで用いられるトナーは，ポリスチレンやポリエステルといった熱可塑性樹脂バインダの中に着色性ならびに摩擦帯電特性を調整するためのカーボンブラックや顔料を含有した外径 5〜20μm の粒子が用いられている．キャリアには外径 50〜300μm の鉄粉系やフェライト系の磁性材料が使用されている．また，キャリア表面には，耐久性の向上や，帯電特性の環境安定性を得るために，樹脂を被覆するものも多く利用されている．

転写の方式としては，現像プロセスと同様に，静電気力を利用する方式が一般的である．静電転写法では，受像紙の裏面からコントロンにてトナーと逆極性の電荷を印加することによって転

写を行う．また，転写ローラを受像紙を介して感光体に押し当てることによって電車電界を形成し転写を行う方法もある．

定着プロセスでは，熱可塑性樹脂からなるトナーに熱を加え，トナーを溶融させることによって受像紙に融着させる．熱の供給は，熱の伝達効率の観点から熱ロール定着法が採用されているが，熱ロールの表面温度は 150～200 ℃であり，対となる圧力ロールとの間に受像紙を通過させることによって，トナーの融着を行うのである．加熱は 50m sec～200m sec という短時間に完了する．熱ロールの表面にはフッ素樹脂やシリコンゴムなどが被覆され，トナーの付着を防いでいる．コピー機やプリンタにおける消費電力の多くはこの定着プロセスで用いられていることから，定着プロセスでの低消費電力化が課題となってきている．

クリーニングは，転写プロセスにおいて感光体上に残ったトナーをブレードで拭い去るプロセスであり，次の作像プロセスの準備にもなる．ブレードの材料には，耐摩耗性や耐オゾン性などの観点からポリウレタン樹脂が用いられている．

以上が，電子写真のプロセスである．カラー画像の再現を行う場合には，減法混色における 3 原色成分（シアン (C)，マゼンタ (M)，イエロー (Y)）に分解して，それぞれの色を重ね合わせることによって行うことができる．この色重ねの方式にはマルチパス方式とタンデム方式とがある．図 8.4 に示すマルチパス方式では露光装置と感光体が一組でよい方式である．図 8.5 に示すタンデム方式は露光装置と感光体が 4 本必要 (C, M, Y, K) になるが高速化という点で有利である．

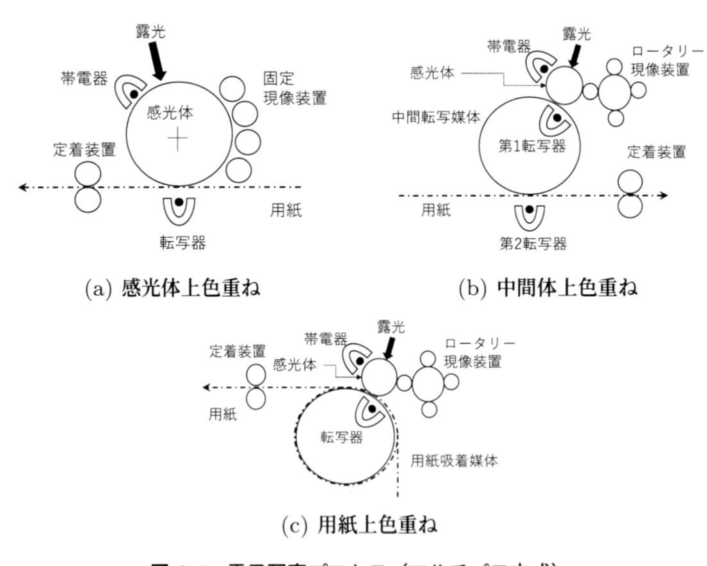

(a) 感光体上色重ね　(b) 中間体上色重ね

(c) 用紙上色重ね

図 8.4　電子写真プロセス（マルチパス方式）

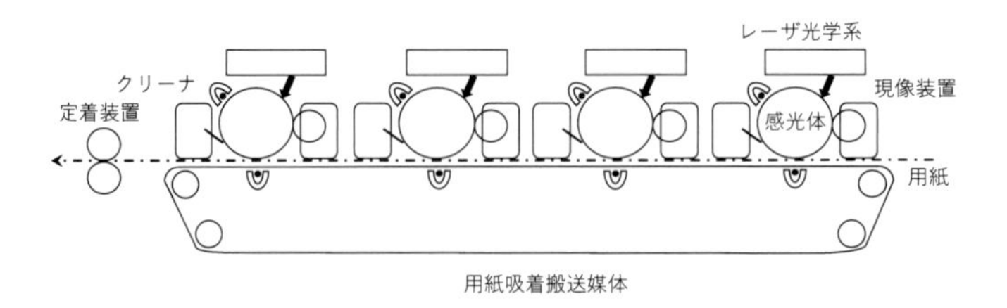

図 8.5　電子写真プロセス（タンデム方式）

8.3 インクジェットプリンタ

近年，インクジェットプリンタの品質向上は非常にスピードが速い．ことに，現在では，写真並みの高品位なフルカラー出力ができるインクジェットプリンタを民生レベルで安価に求めることが出来る時代となっている．

1990 年代の前半，プリンタ技術としては，昇華型熱転写プリンタか，銀塩タイプの LED やレーザで光書き込みする方式の 2 種類しかなかったが，これらはいずれも画素単位での連続的な階調制御が可能であったといえる．しかしながら，インクジェットプリンタは，その当時，画素面積を制御する面積階調のコントロールさえ容易ではなかった．ところが，1996 年末に 6 色のインクを用いたインクジェットプリンタの出現により，それまでのインクジェットプリンタに対する既成概念が覆されるようになった．すなわち，このころからインクジェットプリンタでもフォト画質を目指すことができることが示されたのである．これを契機に高画質化への開発が進み現在に至っている．

8.3.1 インクジェットプリンタの原理

インクジェットプリンタは，インクの入った容器からノズルを通ってインク滴を飛翔させ印画紙上にドットを形成させて，画像を表示させるものである（図 8.6）．すなわち，ドットをうつかうたないかの 2 通りの制御しかできない．ところが，インクジェットプリンタで階調制御を成功させた事例としては，極力シンプルなヘッドの構造として，それを複数のノズルとする方式であった．しかし，その場合でも階調数は数階調程度にとどまっていたといわれている．

テレビジョン，ファクシミリ，写真伝送などで，画像を電気信号に変換して伝送・再生する場合において，画素ごとに分割して処理する画素の順序をルール化したものが走査[4]されるシリアル操作方式になっている．図中のヘッド保守システムはインクの初期補填，ヘッドクリーニング，待機時のノズル乾燥防止，などの機能を有し，ヘッドの目詰まりを防ぐ役目を担っている．

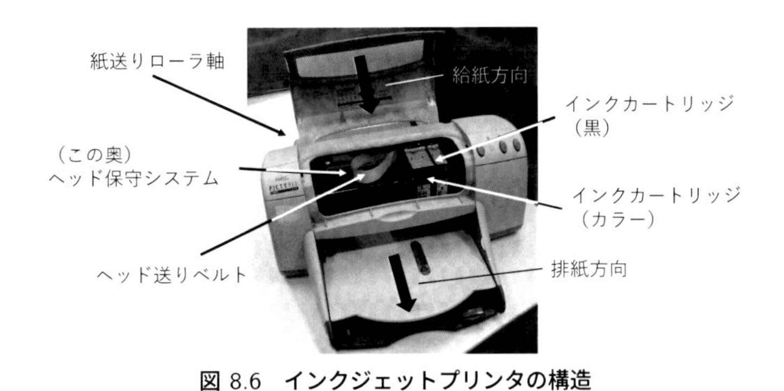

図 8.6　インクジェットプリンタの構造

4　テレビジョン，ファクシミリ，写真伝送などで，画像を電気信号に変換して伝送・再生する場合において，画素ごとに分割して処理する画素の順序をルール化したものが走査という．

8.3.2　インクジェットヘッド

インクジェットにおける各種方式について，図 8.7 に示す．インクの吐出方式については大きく分けて，インクを連続的に噴射する連続噴射型と，必要なときだけインクを飛翔させるオンデマンド型とに分類される．

連続噴射型

歴史的には 1960 年代に荷電制御型の連続噴射型プリンタが開発された．図 8.8 に連続噴射型の中で最も基本的といわれる Sweet 方式の構成を示す．印画原理は以下の通りである．

1. ピエゾ[5]を連続振動させて加圧し，インク粒子を連続的に発射する．
2. 荷電電極でインク粒子を，粒子ごとに帯電量を制御して帯電させる．
3. 偏向電極の電界で，帯電量に応じてインク粒子の飛翔方向を偏向させる．
4. 飛翔方向に応じて，一部はインク回収部に到達してインクが再利用される．また，他方では紙上の目的位置に到達しドットを形成する．

連続噴射型は 1970 年代にコンピュータ端末のプリンタとして使用されたが，低価格化や小型化の困難により，主流とはならなかった．しかしながら，現在では，記録対象との距離が長くと

- 連続噴射型
  - 荷電制御型
    - 多値偏光型
    - 2 値偏光型
  - スプレー型
- オンデマンド型
  - ピエゾ方式
    - カイザー型（長方形ピエゾ）
    - グールド型（円筒ピエゾ）
    - ステムテ型（ダブルキャビティ）
  - サーマル方式
    - サイドシューター型
    - ルーフシューター型
  - 静電吸引方式

図 8.7　インクジェットの吐出方式の分類

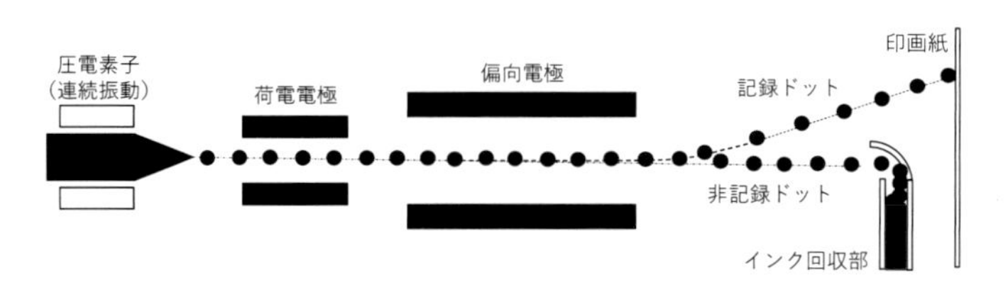

図 8.8　連続噴射型の原理

5　圧電効果を用いた圧電素子で，電気エネルギーと圧力を変換するものである．

れるという利点を生かし，製品の製造年月日やシリアル番号などを記録する産業用マーキングプリンタとして用いられるようになっている．また，連続噴射型の高画質フルカラー[6]プリンタも現存するが，これは印刷用校正システムに用いられている．

サーマル方式オンデマンド型

サーマル方式は 1970 年代広範囲キヤノン社が開発したオンデマンド型で，図 8.9 に示すようにノズル内にヒータを埋め込み，その発熱によりインクを沸騰させて気泡を発生し，その圧力によってインクを吐出させるものである．ピエゾ（圧電素子）を使用するよりも製造コストが低く，高密度化や多ノズル化も容易であり，キヤノン社ではバブルジェット方式と呼んでいて，1990 年代前半にインクジェットプリンタが広く普及するための大きな原動力となった．

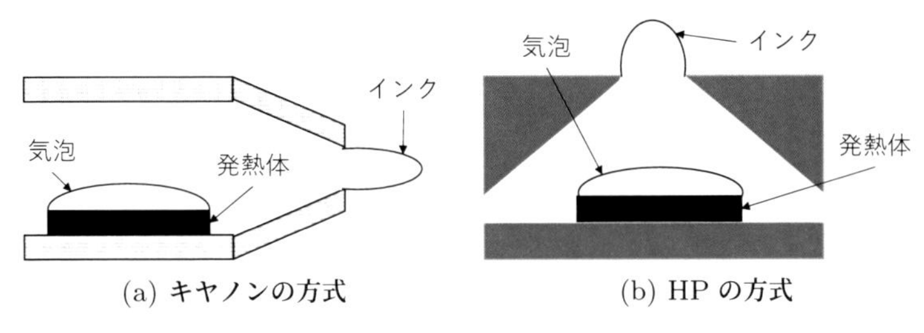

図 8.9 サーマル方式オンデマンド型

コラム：3D プリンタ

3D プリンタ（3D printer）は,, 3D CAD や 3D CG などの 3 次元ソフトウェアで作成された 3 次元データを基に，その断面形状を樹脂によって積層し，立体的造形を行う機器のことである．ここでいう 3D とは Three Dimension すなわち 3 次元のことである．これまで記述したプリンタは紙などへ 2 次元的な印刷を行うものであるが，3D プリンタは樹脂によって立体的な造形を行うものである．

3D プリンターに立体物を出現させるための方法はいくつかある．そのなかで，広く用いられている方法は積層造形法であり，薄い層を順次積重ねてゆく方法で立体物を作りだす方法である．

6　カラー画像の情報は赤 (R)，緑 (G)，青 (B) をそれぞれ最大 256 階調として考える．この最大の色の組合せ数は $256^3 = 1.677 \times 10^7$ となることから，1677 万色のことをフルカラーと呼んでいる．

コラム：走査

走査（Scan）には，代表的なものとして以下のようなものがあるが，テレビジョンや一般的な画像処理にはラスタ走査もしくはこれを応用させたものが用いられ，DCT 符号化ではジグザグ走査が用いられる．

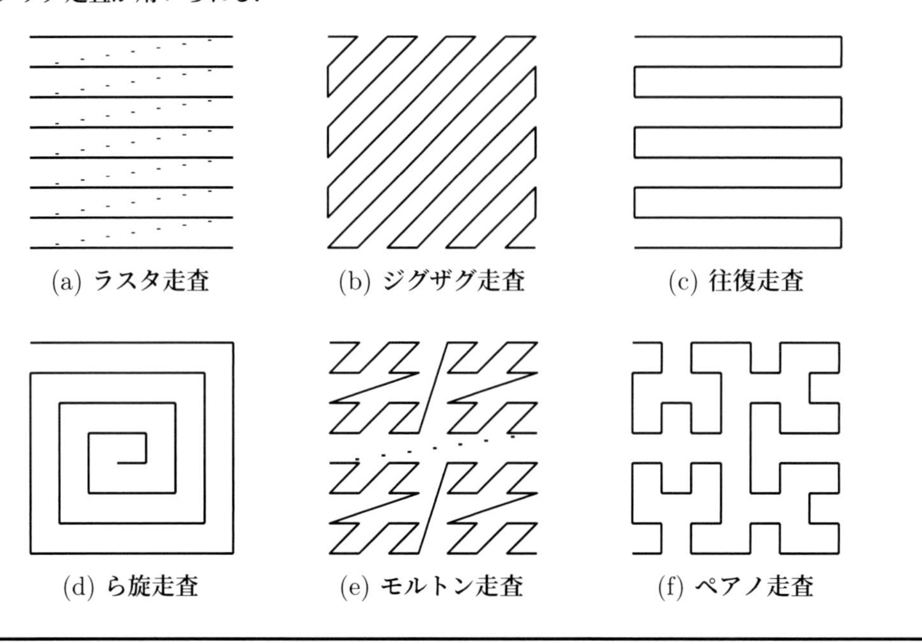

(a) ラスタ走査　(b) ジグザグ走査　(c) 往復走査
(d) ら旋走査　(e) モルトン走査　(f) ペアノ走査

■演習問題■

問題 8.1　インクジェット方式と電子写真方式の長短について比較せよ．

問題 8.2　600dpi の解像度をもったプリンタが A4 サイズの紙面に描画できる画素数はいくらであるか計算せよ．

問題 8.3　サーマル印刷の現状での用途は何であるか考察せよ．

問題 8.4　インクジェット方式において解像度が高くなってきている要因について考察せよ．

第9章 光と画像

ここでは，以下の点について，物理的な概念と，工学的な概念を平易に解説する．なお，コンピュータ画像処理という観点だけに興味のある方には，9.4節で説明する色についてだけは読んでおいた方がよいであろう．

1. レンズ（回折現象）：太陽光の集光により紙を燃やすことが出来ることなど
2. 干渉：レーザの干渉で光の位相差などによって様々な測定ができるようになるということ
3. 色（混色，視覚など）：絵の具の混色，ディスプレイの上での混色，視覚におけるいろいろな現象

9.1　レンズのフーリエ変換作用

日差しの強い日にレンズに太陽光を入射させ，レンズの焦点に紙をおくと，太陽光が集光され紙が燃えてしまう現象がしばしば見られる．これは，レンズに入射する光を平面波 $(f(x, y) = 1)$ として考えたとき，焦点となるところがデルタ関数 $(g(x, y) = \delta(x, y))$[1]となり，光のエネルギーが焦点となる一点に集中することが原因である．このレンズの焦点に現れる光はレンズに入射する光のフーリエ変換[2]になるといわれ，その関係について説明する．

9.1.1　ホイヘンス–フレネルの式とフレネル回折

図 9.1 のように開口面における光の振幅の関数を $f(x, y)$，観測面における点 P における回折波の振幅 $g(x_0, y_0)$ は

$$g(x_o, y_0) = \frac{A}{j\lambda R}\iint_{-\infty}^{\infty} f(x, y)\exp(jkr)dxdy \tag{9.1}$$

ただし，j は虚数単位，$k = 2\pi/\lambda$，$r = \sqrt{R^2 + (x - x_0)^2 + (y - y_0)^2}$ である．ここで，この r について R が $(x - x_0)$ や $(y - y_0)$ と比較して非常に大きいとみて級数展開し，次式のような近似が成立すると考えたとき，フレネル回折[3]が成立するといえる．

$$r = R + \frac{1}{2R}\{(x - x_0)^2 + (y - y_0)^2\} \tag{9.2}$$

この式を，式 (9.1) に代入すると，

$$\begin{aligned} g(x_o, y_0) &= \frac{A\exp(jkR)}{j\lambda R}\iint_{-\infty}^{\infty} f(x, y) \\ &\quad \times\exp(\left\{\frac{jk}{2R}[(x - x_0)^2 + (y - y_0)^2]\right\})dxdy \\ &= Cf(x_0, y_0) * h_l(x_0, y_0) \end{aligned} \tag{9.3}$$

ここで，

$$h_l(x_0, y_0) = \frac{k}{j2R}\exp\left\{\frac{jk}{2R}(x_0^2 + y_0^2)\right\} \tag{9.4}$$

である．

この式 (9.3) はコンボリューション（畳み込み積分）とも呼ばれるものであり，両辺をフーリエ変換すると次式のようになる．

1　インパルスを表現する関数で，一般的には，

$$\delta(t) = \begin{cases} \infty & (t = 0) \\ 0 & (t \neq 0) \end{cases}$$

の関係で表される関数である．

2　フーリエ変換とは，時間領域のデータを周波数領域に変換するアルゴリズムであり，データ解析手法のひとつである．詳細は第 2 章を参照のこと．

3　光の回折の計算は，フレネル–ホイヘンスの式に従って積分計算を行うが，開口から観測点の距離によっては，近似で計算しても差し支えない領域がある．そのなかに，フレネル回折と近似できる領域やフラウンホーファー回折と近似できる領域がある．とくに，開口部と観測面との距離の関係が式 (9.2) で近似できるような距離となった場合をフレネル回折といっている．

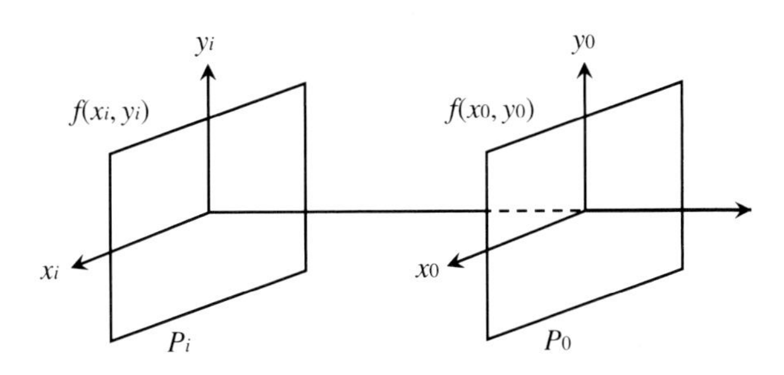

図 9.1　開口面と観測面

$$G(\nu_x, \nu_y) = C \cdot F(\nu_x, \nu_y) H_l(\nu_x, \nu_y) \tag{9.5}$$

ただし,

$$G(\nu_x, \nu_y) = \mathcal{F}[g(x_0, y_0)] \tag{9.6}$$

$$F(\nu_x, \nu_y) = \mathcal{F}[f(x_0, y_0)] \tag{9.7}$$

$$\begin{aligned} G(\nu_x, \nu_y) &= \mathcal{F}[h_l(x_0, y_0)] \\ &= \exp[-j\lambda l \pi(\nu_x, \nu_y)] \end{aligned} \tag{9.8}$$

9.1.2　レンズのフーリエ変換作用

図 9.2 のように，点光源 S がレンズの前方の距離 a の位置にあり，その像 P がレンズの後方から b の位置にできたとする．レンズの公式によると，レンズの焦点距離が f となる場合には，次式が成立する．

$$\frac{1}{f} = \frac{1}{a} + \frac{1}{b} \tag{9.9}$$

点光源 S より発生し，レンズの全面に到達する波面は球面波であるため,

$$u^-(x, y) = A \exp\left\{\frac{j\pi}{\lambda a}(x^2 + y^2)\right\} \tag{9.10}$$

となる．また，点 P に収束する波面はレンズの直後では,

$$u^+(x, y) = A' \exp\left\{-\frac{j\pi}{\lambda b}(x^2 + y^2)\right\} \cdot p(x, y) \tag{9.11}$$

である．ここで $p(x, y)$ はレンズの開口を表す関数すなわち瞳関数とよばれ，次式のようになる．

$$p = \begin{cases} 1 & (\text{レンズの内側}) \\ 0 & (\text{レンズの外側}) \end{cases} \tag{9.12}$$

ここで，レンズを透過しても振幅が変化しない場合には $A = A'$ であり，さらに，式 (9.9) を用いると，レンズの複素透過率[4] $t(x, y)$ は次式のようになる．

4　一般にレンズ，透明な板，フィルムなどで光をどの程度通すのかといった割合を透過率といっている，この透過率 t は一般的には実数で表され $0 \leq t \leq 1$ という関係にあるが，レンズの解析などを行う際には複素解析を行う関係上，透過率も複素数で表すことがある．このように，複素数で表された透過率を複素透過率という．

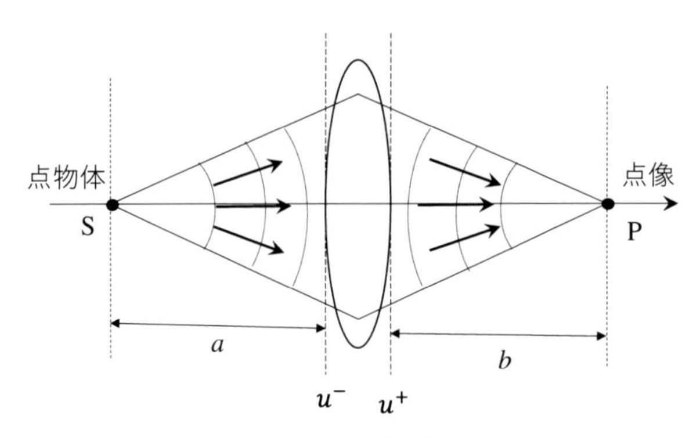

図 9.2　レンズの作用

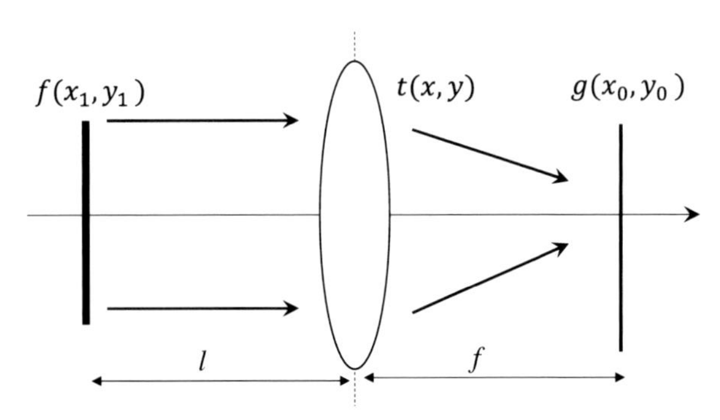

図 9.3　レンズのフーリエ変換作用

$$
\begin{aligned}
t(x,y) &= u^+(x,y)/u^-(x,y) \\
&= \exp\left\{-\frac{\pi}{\lambda f}(x^2+y^2)\right\}\cdot p(x,y)
\end{aligned}
\tag{9.13}
$$

図 9.3 のように，レンズの前方 l に物体 $f(x,y)$ があり，これをレンズの後側焦点面で観察する場合を考える．物体から l だけ離れた場合に波面が伝搬するのはフレネル回折であるから，レンズ直前に到達した波面 $u^-(x,y)$ は，

$$
u^-(x,y) = f(x,y) * \frac{1}{j\lambda l}\exp\left\{\frac{j\pi}{\lambda l}(x^2+y^2)\right\} \tag{9.14}
$$

と書ける．また，このフーリエ変換は，

$$
U^-(\nu_x,\nu_y) = F(\nu_x,\nu_y)\exp[-j\lambda\pi(\nu_x^2+\nu_y^2)] \tag{9.15}
$$

である．このレンズを透過した直後の波面 $u-+(x,y)$ は，

$$
u^+(x,y) = t(x,y)u^-(x,y) \tag{9.16}
$$

であり，この波面が焦点面まで伝搬すると，これもフレネル回折により次式のようになる．

$$
\begin{aligned}
g(x_0,y_0) &= u^+(x,y) * \frac{1}{j\lambda l}\exp\left\{\frac{j\pi}{\lambda f}(x^2+y^2)\right\} \\
&= \frac{1}{j\lambda l}\iint u^+(x,y)
\end{aligned}
$$

$$\times \exp\left\{\frac{\pi}{\lambda f}\left[(x-x_0)^2+(y-y_0)^2\right]\right\}dxdy \tag{9.17}$$

ここで，式 (9.16) と式 (9.13) を代入し，レンズの口径が十分広いとみなすと $p(x,y)=1$ となり，さらに $l=f$ とした場合には，

$$g(x_0,y_0)=\frac{1}{j\lambda l}\exp\left\{\frac{j\pi}{\lambda f}(x_0^2+y_0^2)\right\}U^-(\nu_x,\nu_y) \tag{9.18}$$

ここで，

$$\nu_x = x_0/\lambda f \tag{9.19}$$

$$\nu_y = y_0/\lambda f \tag{9.20}$$

$$U^-(\nu_x,\nu_y)=\mathcal{F}[u^-(x,y)] \tag{9.21}$$

$$F(\nu_x,\nu_y)=\mathcal{F}[f(x,y)] \tag{9.22}$$

なので，$g(x,y)$ は次式のようになる．

$$g(x,y)=\frac{1}{j\lambda l}F\left(\frac{x_0}{\lambda f},\frac{y_0}{\lambda f}\right) \tag{9.23}$$

このことから，レンズには焦点面でフーリエ変換の作用があるといえるのである．

9.2　光の干渉

図 9.4 に示すように，空間上の 2 点 A，B を通り，点 C で交わる 2 つの光の平面波を考える．光は正弦波で表せるものとし，2 つの光波の周波数は等しいものとする．原点 O を適宜にとって，AC，BC のベクトルを，$\vec{r}_{AC}$，$\vec{r}_{BC}$ とする．また，両光波の波数ベクトルを $\vec{k}_A$，$\vec{k}_B$ とする．点 A を通過して点 C に至る平面波を次式で表す．

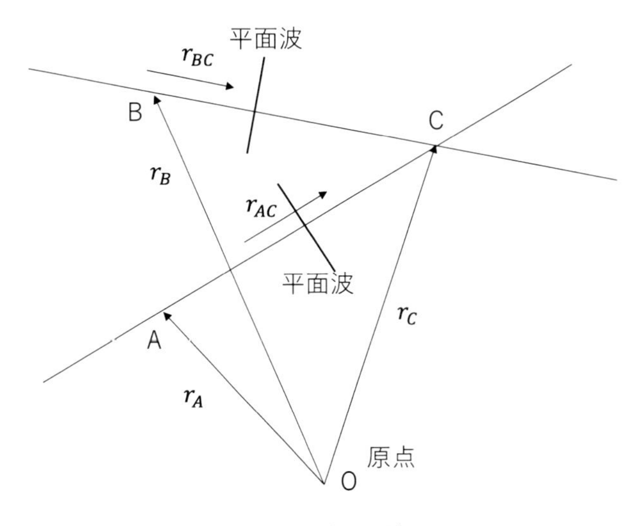

図 9.4　光の干渉

$$u_A = A_A \exp\{j(\vec{k}_A \cdot \vec{r}_{AC} + \phi_A - \omega t)\} \tag{9.24}$$

同様に，点 B を通過して点 C に至る平面波を次式で表す．

$$u_B = A_B \exp\{j(\vec{k}_B \cdot \vec{r}_{BC} + \phi_B - \omega t)\} \tag{9.25}$$

ところで，点 A，点 B，点 C の位置を示すベクトル[5] $\vec{r}_A$ (x_A, y_A, z_A)，$\vec{r}_B$ (x_B, y_B, z_B)，$\vec{r}_C$ (x_C, y_C, z_C) とすると，

$$\vec{r}_{AC} = \vec{r}_C - \vec{r}_A \tag{9.26}$$

$$\vec{r}_{BC} = \vec{r}_C - \vec{r}_B \tag{9.27}$$

となるので，式 (9.24)，式 (9.25) の位相項のうち，空間に関する項は，

$$\begin{aligned}\vec{k}_A \vec{r}_{AC} &= \vec{k}_A(\vec{r}_C - \vec{r}_A) \\ &= \frac{2\pi}{\lambda} n \cdot l_{AC}\end{aligned} \tag{9.28}$$

$$\begin{aligned}\vec{k}_B \vec{r}_{BC} &= \vec{k}_B(\vec{r}_C - \vec{r}_B) \\ &= \frac{2\pi}{\lambda} n \cdot l_{BC}\end{aligned} \tag{9.29}$$

となる．ここで，l_{AC}，l_{BC} は，それぞれ，点 A と点 C との距離，点 B と点 C との距離を表し，n は屈折率を表す．距離と屈折率とを掛けた nl_{AC}，nl_{BC} を光学的距離または光路長という．この光路長の概念を利用すると式 (9.24)，式 (9.25) はそれぞれ次式に書き換えられる．

$$u_A = A_A \exp\{j(\frac{2\pi}{\lambda} nl_{AC} + \phi_A - \omega t)\} \tag{9.30}$$

$$u_B = A_B \exp\{j(\frac{2\pi}{\lambda} nl_{BC} + \phi_B - \omega t)\} \tag{9.31}$$

点 C における波動の振幅は，重ね合わせの原理から，2 つの波動 u_A，u_B の和で与えられるので，

$$\begin{aligned}u_C &= u_A + u_B \\ &= \left\{ A_A \exp\{j(\frac{2\pi}{\lambda} nl_{AC} + \phi_A)\} + A_B \exp\{j(\frac{2\pi}{\lambda} nl_{BC} + \phi_B)\} \right\} e^{j\omega t}\end{aligned} \tag{9.32}$$

となる．従って，点 C における光強度 I_C は次式で表される．

$$\begin{aligned}I_C &= |u_C|^2 \\ &= I_A + I_B + 2\sqrt{I_A I_B} \cos\left(\frac{2\pi}{\lambda} n(l_{BC} - l_{AC}) + (\phi_B - \phi_A)\right)\end{aligned} \tag{9.33}$$

ただし，$I_A = |u_A|^2$，$I_B = |u_B|^2$ である．このように，点 C における光強度 I_C は 2 つの光強

5　大きさと方向（または位相）をもった数量のことである．例えば，力の合成や光の干渉などはベクトルの和という概念が用いられる．

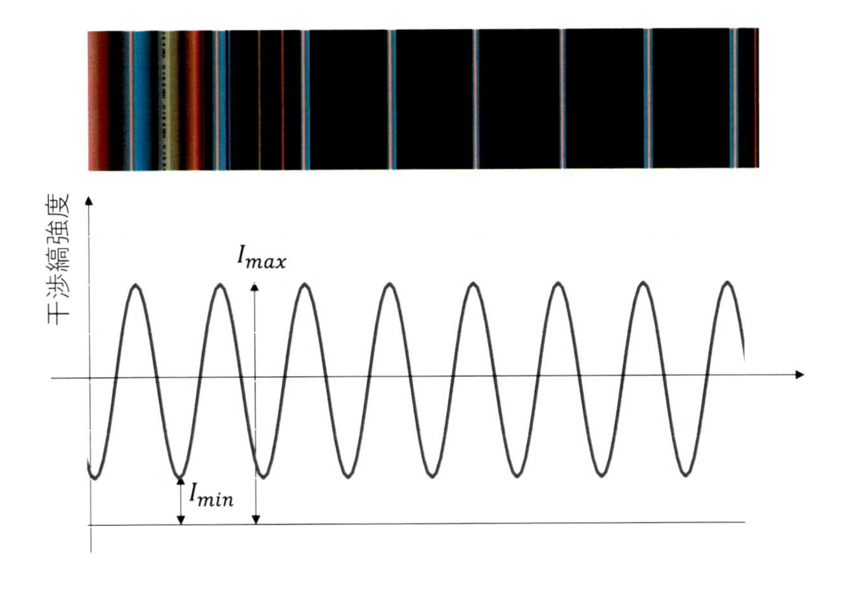

図 9.5 光の干渉縞

度の和でなく，第 2 の正弦項が含まれることがわかる．このことが，光の干渉といわれるのである．式 (9.33) において，$n(l_{BC} - l_{AC})$ を光学的距離の差または光路差と呼んでいる．この光路差の変化により光強度は正弦的に変化し，空間的に縞模様をつくっている．この縞模様が干渉縞で，図 9.5 に示すようなものである．干渉縞は位相差 Φ を，

$$\Phi = \frac{2\pi}{\lambda} n(l_{BC} - l_{AC}) + (\phi_B - \phi_A) \tag{9.34}$$

とすれば，$\Phi = 2\pi m$ となったとき，I_C は最大値となり，

$$I_{max} = (I_A + I_B)^2 \tag{9.35}$$

また，$\Phi = (2m + 1)\pi$ となったとき，I_C は最小値となり，

$$I_{min} = (I_A - I_B)^2 \tag{9.36}$$

となる．式 (9.33) において，周波数が等しい波動の干渉では時間に関する項が消えて，干渉縞の強度分布は時間に依存しないことがわかる．

9.3 可干渉性（コヒーレンス）

干渉縞の見え方の尺度として，コントラストと呼ばれる量が定義されている．これは，I_{max}，I_{min} を光強度の局所的な最大値，最小値とすると，

$$V = \frac{I_{max} - I_{min}}{I_{max} + I_{min}} \tag{9.37}$$

で与えられる．また，式 (9.33) を利用した場合には，

$$V = \frac{2\sqrt{I_A I_B}}{I_A + I_B} \tag{9.38}$$

となる．したがって，$I_A = I_B$ であれば，コントラストは最大となり，$V = 1$ となる．逆に，I_A または I_B が 0 となれば，$V = 0$ となり干渉縞は見えなくなる．

ところで，$I_A = I_B$ となった場合にコントラストが常に 1 となるためには特別な条件が必要となる．すなわち，点 A と点 B における初期位相の差 $\phi_A - \phi_B$ が時間的に一定の値をとらなければ，干渉縞は安定して発生しないのである．この位相差 $\phi_A - \phi_B$ は光源の性質や光源から点 A や点 B までの距離によっても決まるので，干渉縞の明暗は光路差だけでなく光源や光学系の性質にも依存してくる．位相差 $\phi_A - \phi_B$ の安定性の尺度として可干渉度（コヒーレンス度）と呼び，γ_{AB} で表される．この可干渉度を考慮したコントラストは，

$$V = \frac{2\sqrt{I_A I_B}}{I_A + I_B}\gamma_{AB} \tag{9.39}$$

で表される．$0 \leq \gamma_{AB} \leq 1$ であり，$\gamma_{AB} = 1$ のときに 2 点 A,B から到達した光波は可干渉（コヒーレント）であるという．また，$\gamma_{AB} = 0$ のときは非干渉（インコヒーレント）であるという．

通常，可干渉光と呼ばれているものにはレーザ光があるが，それ以外の光源はほとんどがインコヒーレントである．

光の干渉を利用して，

1. メートル原器の長さを精密に測定する（マイケルソン干渉計）
2. 光学面や機械加工面の形状検査を行う（トワイマン–グリーンの干渉計，フィゾーの干渉計）
3. 屈折率の測定をする（ジャマンの干渉計）
4. 期待の流れやプラズマの密度の測定をする（マッハ–ツェンダーの干渉計）
5. 光のスペクトルを精密に測定する（ファブリ–ペローの干渉計）

これらの様々な測定が行える．

また，ホログラムは光の干渉縞について，振幅だけでなく位相もあわせて記録しているので，写し込まれたものが立体的に見えるといわれている．

9.4　色

カラー画像を考える場合において，色の概念が重要となる．一般的に可視光と呼ばれる光は 380nm〜780nm の範囲にあるといわれ，これより短い波長になると紫外線，これより長い波長になると赤外線と呼ばれる．色を記述するシステムは表色系と呼ばれている．我々が知覚する色は，基本的な色を混ぜ合わすこと，すなわち，混色によって作られていると考えることができる．

9.4.1　加法混色

この加法混色は光の 3 原色である赤 (R)，緑 (G)，青 (B) を基本として，これらを混ぜ合わせて新しい色を作ることをいう．ここで，

$$赤\ (R) + 青\ (B) = マゼンタ\ (M) \tag{9.40}$$

$$赤\ (R) + 緑\ (G) = 黄\ (Y) \tag{9.41}$$

$$青\ (B) + 緑\ (G) = シアン\ (C) \tag{9.42}$$

$$赤\ (R) + 緑\ (G) + 青\ (B) = 白\ (W) \tag{9.43}$$

となる（図 9.6）．加法混色は，人間の光の知覚に基づいており，カラーテレビやコンピュータのモニタにおける色の表現の基礎となっている．

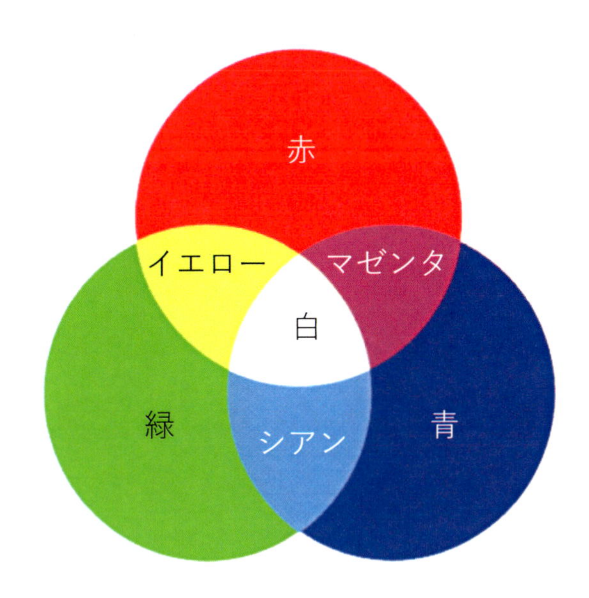

図 9.6　加法混色

なお，2 つの色を加法混色して白となる色はお互いに補色の関係にあるという．すなわち，赤とシアン，緑とマゼンタ，青とイエローは，それぞれ補色の関係であるという．

ここで，RGB 表色系について考える．任意の色 $\vec{C}$ はベクトル $\vec{R},\vec{G},\vec{B}$ を利用して，

$$\vec{C} = R\vec{R} + G\vec{G} + B\vec{B} \tag{9.44}$$

と表すことができる．ここで，R,G,B はそれぞれの原色の色光の強さを表す非負の値であり $\vec{C}$ の 3 刺激値と呼ばれる．

国際照明委員会 (CIE) では，原刺激としての赤 (700nm)，緑 (546.1nm)，青 (435.8nm) の単色光を選んでいる．これらの加法混色によって白色光が得られるように，これらの輝度比を R:G:B=1:4.5907:0.0601 と設定し，これによって得られた白色光を基礎刺激と呼んでいる．この式 (9.44) に示す R,G,B より，

$$r = \frac{R}{R + G + B} \tag{9.45}$$

$$g = \frac{G}{R+G+B} \tag{9.46}$$

$$b = \frac{B}{R+G+B} \tag{9.47}$$

$$r+g+b=1 \tag{9.48}$$

のように，3 刺激値の和で正規化した値 r,g,b で表現した座標 (r,g,b) は色度座標と呼ばれることがある．

9.4.2　減法混色

減法混色は，絵の具の 3 原色，シアン (Cyan)，マゼンタ (Magenta)，イエロー (Yellow) を基本とした混色である．すなわち，

$$\text{イエロー}\ (Y) + \text{マゼンタ}\ (M) = \text{赤}\ (R) \tag{9.49}$$

$$\text{イエロー}\ (Y) + \text{シアン}\ (C) = \text{緑}\ (G) \tag{9.50}$$

$$\text{シアン}\ (C) + \text{マゼンタ}\ (M) = \text{青}\ (B) \tag{9.51}$$

$$\text{シアン}\ (C) + \text{マゼンタ}\ (M) + \text{イエロー}\ (Y) = \text{黒}\ (B) \tag{9.52}$$

となる（図 9.7）．この減法混色は，光を吸収する色材の性質に基づいており，カラー写真や印刷に利用されている．

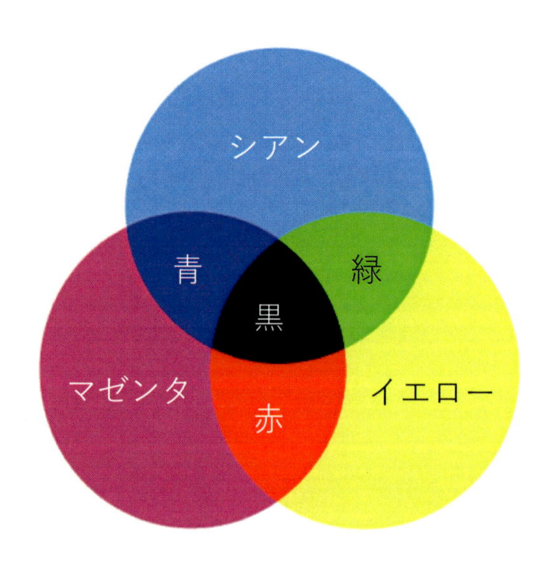

図 9.7　減法混色

なお，2 つの色を減法混色して黒となる色はお互いに補色の関係にあるという．すなわち，赤とシアン，緑とマゼンタ，青とイエローは，それぞれ補色の関係であるという．

9.4.3 表色系

表色系には先述の RGB 表色系のほかに XYZ 表色系，マンセル表色系などさまざまなものがある．ここでは，そのいくつかについて述べる．

XYZ 表色系

XYZ 表色系は，1931 年に国際照明委員会 (CIE) によって規定された表色系である．RGB 表色系では光の 3 原色が基礎となるが，負の刺激値を示す可能性があることから，この問題を回避するために仮想的な座標となる X, Y, Z を導入したものである．ここで，X, Y, Z と R, G, B との関係は次式のようになる．

$$X = 0.478R + 0.299G + 0.175B \tag{9.53}$$

$$Y = 0.263R + 0.655G + 0.081B \tag{9.54}$$

$$Z = 0.020R + 0.160G + 0.908B \tag{9.55}$$

また，この場合も正規化により，(x, y, z) を次式のように定義することができる．

$$x = \frac{X}{X+Y+Z} \tag{9.56}$$

$$y = \frac{Y}{X+Y+Z} \tag{9.57}$$

$$z = \frac{Z}{X+Y+Z} \tag{9.58}$$

$$x + y + z = 1 \tag{9.59}$$

マンセル表色系

マンセル表色系は，1905 年にアメリカの画家マンセルによって考案された表色系であり，美術やデザインの分野でしばしば用いられている．この考え方は，色相（色の種類），明度（色の明るさ），彩度（色の鮮やかさ）のそれぞれに色の差が等間隔に感じられるように色が配置されるようになっている．

色相 (Hue) は，5 個の主要色相である，赤 (R)，黄 (Y)，緑 (G)，青 (B)，紫 (P) とその 5 個の中間色相を含めてリング状に配置し，色相環を形成している．明度 (Brightness) は，0 から 10 までの実数値で表され，明度の値が 0 であれば反射率 0 の完全な黒体を示し，明度の値が 10 であれば反射率 1 の完全反射物体を示すことになる．彩度は非負の実数値をとり，もし彩度が 0 の場合は無彩色を意味し，彩度の大きさが大きくなるほど色味を増すという意味を持つ．

なお，マンセル表色系は JIS Z 8721 として規定されている．

9.4.4 コンピュータ画像処理における色空間

RGB

これは，コンピュータでは広く用いられている色空間である．RGB はそれぞれ，Red（赤），Green（緑），Blue（青）という光の 3 原色を指している．画像処理やモニタなどでフルカラーと言う場合は，各色 8bit ずつのデータを持ち，計 24bit のデータを使う（ものによっては，32bit

カラーを使う場合もある）.

8bit，すなわち 256 階調あれば，人間の目で境界を区別できない程度となる．このため，各色 8bit ずつ使うことをフルカラーと呼んでいるわけであるが，あくまで肉眼で色の境界の区別がわからないというだけのことであって，自然界に存在するすべての色を 1677 万色で作ることができるということではない.

なお，$R = G = B = 0$ となった場合は黒色に，逆に $R = G = B = 255$ にすると白色になり，$R = G = B$ の関係が保たれればグレースケール（白から黒までの濃淡）になる.

CMY(K)

プリンターのインク，トナーカートリッジにつかわれるフォーマットである．一般的に，Cyan（シアン），Magenta（マゼンタ），Yellow（黄色）の色の 3 原色に加え，Key plate（黒）が使われている．ここで，黒については Black の k ではなく，Key Plate の K である.

光の 3 原色 (RGB) が加法混色により各色を合わせると白になるのに対し，絵の具の 3 原色 (CMY) では減法混色により各色を合わせると黒になる．ただし，印刷物では，正確な大きさや濃度で各色を混合しないと黒やグレーを再現できないといった理由から，K(黒) が用いられている.

また，光の 3 原色と絵の具のの 3 原色では，各色に微妙な違いがあるため，プリンタドライバーの性能によって，ディスプレイ上の色を印刷物の色に再現する能力に違いが発生するといわれている.

YUV

TV や VTR などの映像や，大半のビデオファイルに使われている色空間である．YUV は，輝度信号 (Y) と赤の色差 (U) と青の色差 (V) というように，輝度と 2 つの色差信号で色を再現するものである.

このような空間を使うのは，この人間の眼の特性，すなわち，輝度に対して敏感であることを利用しているからである.

ディジタルの YUV フォーマットは，YUV=X:X:X という形で表される.

1. YUV=4:4:4
   水平方向 4 ピクセルにおいて，各ピクセルごとに輝度=8bit，2 つの色差をそれぞれ 8bit でサンプリングする．情報量は，1 ピクセル平均 24bit になる．各ピクセルごとに，輝度，色差ともに 256 階調でサンプリングしているため，最も元の画像に近い色再現となる.
2. YUV=4:2:2
   水平方向 4 ピクセルにおいて，輝度は各ピクセルごとに 8bit，色差は 2 ピクセルごとに平均化して 8bit でサンプリングする．情報量は，1 ピクセル平均 16bit になる.
   各ピクセルにおいて，輝度情報は 256 階調で記録されているが，色差情報については隣のピクセルと混ぜ合わせた色として扱われるため，YUV=4:4:4 と比べると若干色の境界が曖昧になる.

3. YUV=4:2:0
   YUV=4:2:2 でサンプリングしたのち，輝度情報はそのまま残し，色差情報を垂直方向に2ピクセル分平均化（サブサンプリング）して記録するフォーマットである．情報量は，1ピクセル平均 12bit になる．
   各ピクセルにおいて，輝度情報は 256 階調のまま記録されているが，色差情報については，横方向に2ピクセル，縦方向に2ピクセルの計4ピクセルで平均化されたデータが記録される．
4. YUV=4:1:1
   水平方向4ピクセルにおいて，輝度情報は各ピクセルごとに 8bit，色差情報は4ピクセルの情報を平均化して 8bit でサンプリングする．情報量は，1ピクセル平均 12bit になる．
   情報量は YUV=4:2:0 と同じだが，横方向にのみ色差情報が平均化されているため，YUV=4:2:0 よりも色がぼやけた感じになる色空間となる．

■演習問題■

問題 9.1　レンズによるフーリエ変換作用はレンズの焦点近傍でしか起こらないといわれる．その理由について考察せよ．

問題 9.2　ハーフミラーにおける理想的な透過率，反射率はいくらか．ハーフミラーとは干渉計などで，光を2つの方向に分割するためのミラーである．

問題 9.3　絵の具を混ぜ合わせることによって，白が作れない理由を説明せよ．

問題 9.4　電子ディスプレイでは，黒を表現する際にどのような動作をさせているか考察せよ．

問題 9.5　テレビジョンにおける色信号は一般的に輝度と色差によって表している．その理由について考察せよ．

第10章

画像処理の基礎

とくに，以下のような基礎的な内容に絞って，その概略を述べる．

1. 階調変換：ネガ・ポジ変換や，ヒストグラム変換など基礎的なものを扱う．
2. フィルタリング：平均値フィルタによる平滑化や，微分フィルタを用いた簡易的エッジ抽出などについて述べる．
3. ハーフトーン処理：ディザ法や誤差拡散法などを紹介する．

10.1　階調変換

ここでは，白黒画像について階調変換について，いくつか例示する．ここで言う階調とは，色の濃淡を表すグラデーション（gradation），すなわち，色の段階のことである．白黒画像における階調は，白から黒にかけての濃淡をあわらす段階のことである[1]．その白黒の濃淡を変化させることによって可能な画像処理の例を以下に示す．

1. ネガ・ポジ変換
   ネガ・ポジ変換とは，図 10.1(a) から図 10.1(b) への変換のように，白と黒を反転する操作をいう．黒から白まで 256 階調あるものとした場合，黒を階調濃度 0，白を階調濃度 255 として，段階的に階調濃度を変化させている．座標 (i, j) における階調濃度 $F(i, j)$ に対するネガ・ポジ変換の変換式 $F'(i, j)$ は次式のようになる．

$$F(i, j) = 255 - G(i, j) \tag{10.1}$$

(a) 原画像 (Hair)

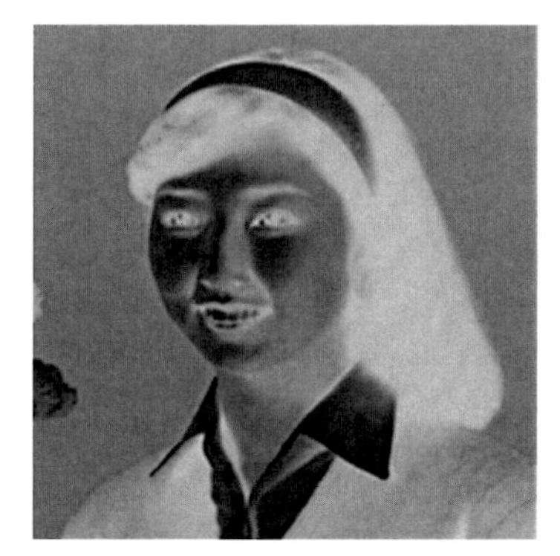

(b) 原画像 (a) をネガ・ポジ変換した画像 (Hair)

図 10.1　画像のネガ・ポジ変換

2. ヒストグラムの均一化
   図 10.2(a) において，階調濃度のヒストグラムは図 10.2(b) のようになる．このヒストグラム[2]における横軸は階調濃度（256 階調の白黒濃淡画像であれば 0 が黒で 255 が白）となっていて，縦軸はそれぞれの階調濃度に該当する画素数である．図 10.2(b) を見ると，ヒストグラムにおいてある一定部分に画素数数が極端に多い階調濃度が存在していて，ヒストグラムにおける縦軸方向に対するばらつきが非常に大きいことがわかる．そのため，ヒストグラムの度数分布における起伏をできるだけ少なくするように調整することをヒストグラムの均一化という．図 10.2(c) は原画像（図 10.2(a)）に対してヒストグラムを均一化した画像を示している．このようにヒストグラムを図 10.2(d) のように均一化すると

1　カラー画像における濃淡であれば，3 原色（赤，緑，青）それぞれの成分における階調数（階調の数）で決まるが，3 原色成分の階調数から成り立つの組合せ数のことを色数という．

2　例えば，階調濃度のヒストグラムの場合，横軸を階調濃度として，縦軸をその階調濃度に属する画素の数をとるグラフのことをいう．

階調濃度が 0 に近い（白）部分と 255 に近い（黒）部分のヒストグラムにおける度数が非常に多くなっているため，コントラスト（明暗の差）が大きくなっていることがわかる．

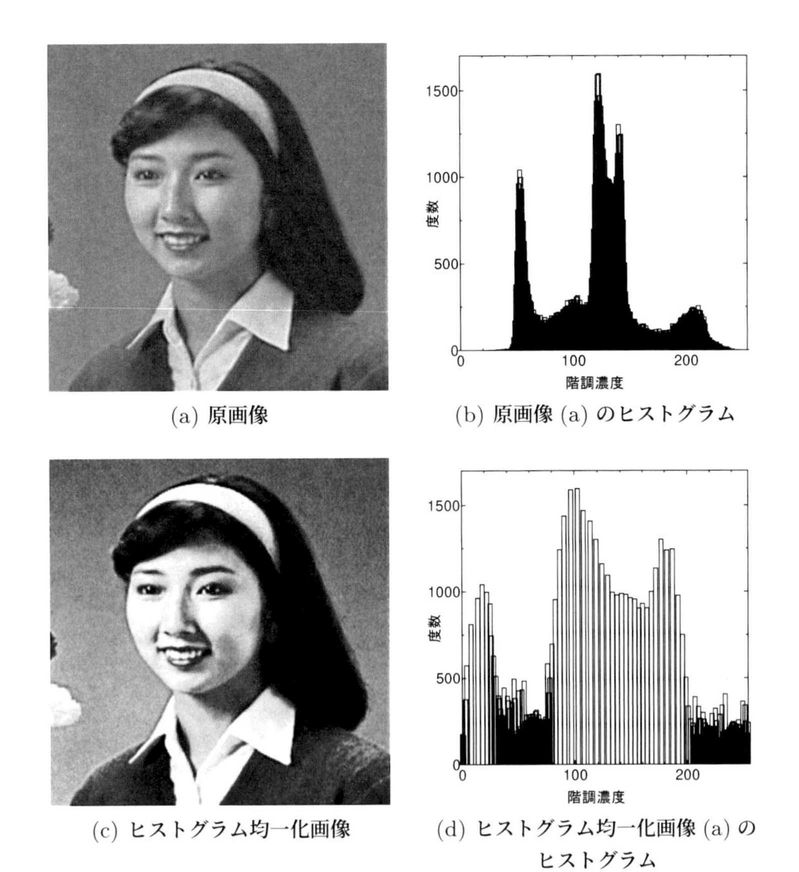

(a) 原画像　(b) 原画像 (a) のヒストグラム

(c) ヒストグラム均一化画像　(d) ヒストグラム均一化画像 (a) のヒストグラム

図 10.2　画像のヒストグラム均一化

3. ガンマ補正

明るさの調整は各画素ごとの輝度値を指数関数で変換することによって行われる．イメージセンサたとえば CCD カメラ等において，入力 D とと出力 E との間には，以下のような γ 特性と呼ばれる指数関数の関係がある．

$$D = E^{\gamma} \tag{10.2}$$

この γ 特性を補正すること，すなわち γ 補正がこの変換の本来意味である．

ディジタル画像に対してこの補正を行う際，入力画像の階調濃度 Input と出力画像の階調濃度 Output との間に，以下の変換式を用いて変換を行う．

$$Output = 255\left(\frac{Input}{255}\right)^{\gamma} \tag{10.3}$$

図 10.3 は濃淡画像におけるガンマ特性を示したものである．ここで，$\gamma < 1$ の場合はハイライト強調と呼ばれ，入力画像に対して出力画像が明るく見える．また，$\gamma > 1$ の場合はシャドウ強調と呼ばれ，入力画像に対して出力画像が暗く見える．

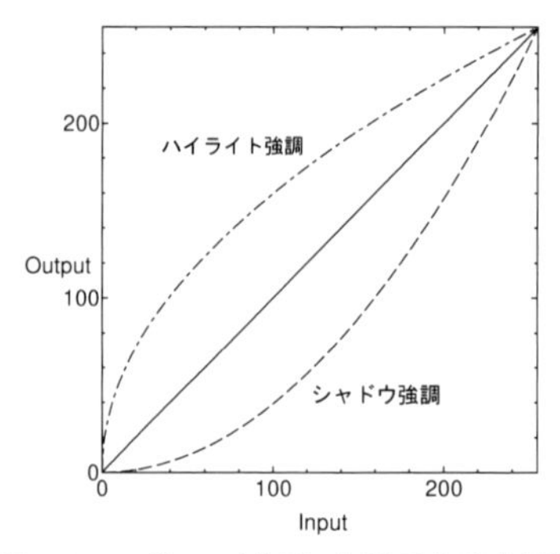

図 10.3　ガンマ補正における入出力関係

入力画像における階調濃度 Input と出力画像における階調濃度 Output との関係を調整して，画像の明るさなどを調整することができる．このような全体における明暗を図 10.1(a) に対してガンマ補正を行った例を示す．すなわち，図 10.4(a) は画像の暗い部分を強調して全体的に暗くするシャドウ強調である．また，図 10.4(b) は画像の明るい部分を強調して全体的に明るくするハイライト強調である．

(a) シャドウ強調

(b) ハイライト強調

図 10.4　画像のガンマ補正（原画像は図 10.1(a)）

10.2　画像のフィルタリング

画像のフィルタリングには，大きく見て，雑音の低減や，エッジ抽出などの機能があるといえる．そのなかで，平均値フィルタ，ガウシアンフィルタ，メディアンフィルタ，ラプラシアンフィルタなどを説明する．

10.2.1　平均値フィルタ

画像の平均値をとる場合に，注目画素から見て 8 近傍をみるか，24 近傍を見かという問題がある．8 近傍とは注目画素から見て，縦横斜めの隣接した 8 画素を近傍画素と考えるものである．また，24 近傍とは注目画素から見て，縦横斜めの隣接した 8 画素とそれに加えてさらに隣接する画素をあわせて24画素を近傍画素と考えるものである．

注目画素を $F(i,j)$ とした場合に，8近傍の平均値フィルタをかけて得られる階調濃度を $F'(i,j)$ とすると，次式のようになる．

$$F'(i,j) = \sum_{k=i-1}^{i+1} \sum_{l=j-1}^{j+1} a(k-i, l-j) F(k,l) \tag{10.4}$$

ここで，$a(k-i, l-j)$ はフィルタ係数で次式のようになる．

$$\vec{a} = \begin{pmatrix} a(-1,1) & a(0,1) & a(1,1) \\ a(-1,0) & a(0,0) & a(1,0) \\ a(-1,-1) & a(0,-1) & a(1,-1) \end{pmatrix} = \frac{1}{9} \begin{pmatrix} 1 & 1 & 1 \\ 1 & 1 & 1 \\ 1 & 1 & 1 \end{pmatrix} \tag{10.5}$$

この行列を $\vec{a}$ と書く場合があり，オペレータと呼ぶことがある．

また，フィルタ係数を以下のようにする場合もある．

$$\vec{a} = \begin{pmatrix} a(-1,1) & a(0,1) & a(1,1) \\ a(-1,0) & a(0,0) & a(1,0) \\ a(-1,-1) & a(0,-1) & a(1,-1) \end{pmatrix} = \frac{1}{10} \begin{pmatrix} 1 & 1 & 1 \\ 1 & 2 & 1 \\ 1 & 1 & 1 \end{pmatrix} \tag{10.6}$$

この式 (10.6) は，着目画素の重みを大きくしたものになる．

加えて，24近傍の平均値フィルタを用いる場合には，

$$\vec{a} = \begin{pmatrix} a(-2,2) & a(-1,2) & a(0,2) & a(1,2) & a(2,2) \\ a(-2,1) & a(-1,1) & a(0,1) & a(1,1) & a(2,1) \\ a(-2,0) & a(-1,0) & a(0,0) & a(1,0) & a(2,0) \\ a(-2,-1) & a(-1,-1) & a(0,-1) & a(1,-1) & a(2,-1) \\ a(-2,-2) & a(-1,-2) & a(0,-2) & a(1,-2) & a(2,-2) \end{pmatrix} = \frac{1}{25} \begin{pmatrix} 1 & 1 & 1 & 1 & 1 \\ 1 & 1 & 1 & 1 & 1 \\ 1 & 1 & 1 & 1 & 1 \\ 1 & 1 & 1 & 1 & 1 \\ 1 & 1 & 1 & 1 & 1 \end{pmatrix} \tag{10.7}$$

のようにフィルタ係数 $a(j-i, l-j)$ を設定する．

このような平均値フィルタを用いて得られた画像を図10.5に示す．

(a) 式 (10.5) の場合

(b) 式 (10.7) の場合

図 10.5　画像の平均値フィルタ（原画像は図 10.1(a)）

10.2.2　ガウシアンフィルタ

ガウシアンフィルタとは，オペレータの分布がガウス分布（正規分布とも呼ばれる）のようになっているものである．

すなわち，注目画素 (i, j) から見て (k, l) だけずれた画素におけるオペレータの要素は次式のようになる．

$$a(k,l) = \frac{1}{\displaystyle\sum_{kk}\sum_{ll} \exp\left(-\frac{kk^2+ll^2}{2\sigma}\right)} \exp\left(-\frac{k^2+l^2}{2\sigma}\right) \tag{10.8}$$

この式において σ はガウス分布における半値幅であり，$\sigma \to \infty$ となった場合には，式 (10.5) と同じになる．

このガウシアンフィルタを利用すると，注目画素に重きを置き，注目画素から距離が離れるに従って重み（オペレータの値）が小さくなるという特徴がある．これに従って，処理した例を図 10.6 に示す．このように，2σ が大きくなると，平均値フィルタと同じになってくる傾向がある．

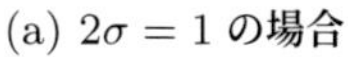

(a) $2\sigma = 1$ の場合　　(b) $2\sigma = 4$ の場合

図 10.6　画像の平均値フィルタ（原画像は図 10.1(a)）

10.2.3　メディアンフィルタ

メディアンフィルタとは，注目画素を含む 8 近傍または 24 近傍を含む画素におけるメディアンの値（中央値）をとるという規則を持たせたフィルタである．

たとえば，注目画素 (i, j) における階調濃度 $f(i, j)$ について，8 近傍として考えるものとする．

$$\begin{pmatrix} f(i-1,j+1) & f(i,+1) & f(i+1,j+1) \\ f(i-1,j) & f(i,j) & f(i+1,j) \\ f(i-1,j-1) & f(i,j-1) & f(i+1,j-1) \end{pmatrix} = \begin{pmatrix} 15 & 99 & 105 \\ 143 & 226 & 112 \\ 76 & 151 & 130 \end{pmatrix} \tag{10.9}$$

このような階調濃度の分布があるとして，階調濃度の高いものから順にならべると，

$$\{226, 151, 143, 130, 112, 105, 99, 76, 15\} \tag{10.10}$$

となるので，中央に出現する値をメディアンフィルタをかけた場合の注目画素に現れる階調濃度とすれば，

$$f'(i,j) = 112 \tag{10.11}$$

が得られることになる．

このフィルタは，ごましお雑音[3]が付加されたような画像において，雑音の低減に威力を発揮するものとして知られている．図 10.7 は画像 Hair に対してごましお雑音が重畳したもの（図 10.7(a)）に対するフィルタリング処理をした結果を示している．この場合，平均値フィルタやガウシアンフィルタでは雑音を十分低減できていないが，メディアンフィルタは雑音の低減に威力を発揮していることがわかる．

(a) 画像 Hair にごましお雑音が重畳されたもの

(b) (a) に平均値フィルタをかけたもの

(c) (a) にガウシアンフィルタをかけたもの（$2\sigma = 4$）

(d) (a) にメディアンフィルタをかけたもの

図 10.7　画像 Hair（図 10.1(a)）にごましお雑音が重畳した場合のフィルタリング

3　画像に現れた黒い粒状の雑音や白い粒状の雑音のことをごましお雑音という．ここでいうごましおとは，この黒い粒状の雑音をごまと見立て，白い粒状の雑音をしおと見立てている．

10.2.4　画像の 1 次微分

画像処理では，いろいろな目的のために画像の中のある領域の境界（エッジ）を検出したい場合がある．

領域の境界では，画素の階調濃度の変化が大きいため，階調濃度の変化に対して微分演算を行えば，エッジの検出を行うことができる．ただし，ディジタル化された画像に対する計算機による処理では，微分演算の代わりに差分演算を行うことによってこれを行うことが可能となる．

画像の差分演算を行う際には，画面に含まれる雑音成分も抽出されてしまうため，雑音の低減とエッジの検出との両方の働きを持つフィルタが存在する．そのフィルタには Sobel(ゾーベル) フィルタや Prewitt(プレヴィット) フィルタがある．

Sobel フィルタは，ある注目画素を中心とした上下左右の 9 つの画素値に対して，次式に示すような行列で表される重み付けを行い，結果を合計する．

$$\begin{pmatrix} a(-1,+1) & a(0,+1) & a(+1,+1) \\ a(-1,0) & a(0,0) & a(+1,0) \\ a(-1,-1) & a(0,-1) & a(+1,-1) \end{pmatrix} = \begin{pmatrix} 1 & 2 & 1 \\ 0 & 0 & 0 \\ -1 & -2 & -1 \end{pmatrix} \tag{10.12}$$

$$S_v(i,j) = \sum_{k=-1}^{1} \sum_{l=1}^{1} a(k,l) f(i+k, j+l) \tag{10.13}$$

この式は垂直方向について計算したものであるが，水平方向についての計算は次式によるものとする．

$$\begin{pmatrix} a(-1,+1) & a(0,+1) & a(+1,+1) \\ a(-1,0) & a(0,0) & a(+1,0) \\ a(-1,-1) & a(0,-1) & a(+1,-1) \end{pmatrix} = \begin{pmatrix} 1 & 0 & -1 \\ 2 & 0 & -2 \\ 1 & 0 & -1 \end{pmatrix} \tag{10.14}$$

$$S_h(i,j) = \sum_{k=-1}^{1} \sum_{l=1}^{1} a(k,l) f(i+k, j+l) \tag{10.15}$$

この式 (10.13) ならびに式 (10.13) で求めた値には階調濃度の勾配の向きによって正や負の値を取ることがあるので，$|S_v(i,j)|$ や $|S_h(i,j)|$ により計算する方がよいとされている．

図 10.8 は図 10.1(a) に対して Sobel フィルタを縦方向だけもしくは横方向だけ施した画像を示している．これをみると，それぞれの方向で階調濃度の勾配に応じて白い線が現れていることがわかる．

ところで 2 次元の画像情報の場合，縦方向の 1 次微分も横方向の 1 次微分もあわせて示せた方が都合の良いことが多いため，

$$S(i,j) = |S_v(i,j)| + |S_h(i,j)| \tag{10.16}$$

として表す．その結果を，図 10.9 に示す．これだと，縦方向の 1 次微分も横方向の 1 次微分も併せて示されるようになる．

図 10.9　2 次元の Sobel フィルタ（原画像は図 10.1(a)）

10.2.5　ラプラシアンフィルタ

座標 (x,y) の関数 $f(x,y)$ に対するラプラシアンは，

$$\nabla^2 f = \frac{\partial^2 f}{\partial x^2} + \frac{\partial^2 f}{\partial y^2} \tag{10.17}$$

と定義され，2 階微分（2 次微分）をしたものとして考えることができる．すなわち，2 階微分をすることで，緩やかな階調濃度の勾配であってもエッジとなる部分が 1 階微分の場合と比較して強調されることから，優れたエッジ抽出特性が得られると考えることができる．

この考えに基づいたラプラシアンフィルタは，

$$\begin{pmatrix} a(-1,+1) & a(0,+1) & a(+1,+1) \\ a(-1,0) & a(0,0) & a(+1,0) \\ a(-1,-1) & a(0,-1) & a(+1,-1) \end{pmatrix} = \begin{pmatrix} 1 & 1 & 1 \\ 1 & -8 & 1 \\ 1 & 1 & 1 \end{pmatrix} \tag{10.18}$$

$$F'(i,j) = \sum_{k=-1}^{1} \sum_{l=1}^{1} a(k,l) F(i+k, j+l) \tag{10.19}$$

(a) 縦方向（式 (10.13)）の場合

(b) 横方向（式 (10.15)）の場合

図 10.8　Sobel フィルタ（原画像は図 10.1(a)）

図 10.10　ラプラシアンフィルタ（原画像は図 10.1(a)）

となる．このラプラシアンフィルタを用いた処理画像は図 10.10 のようになる．すなわち，Sobel フィルタによる処理画像と比較してよりエッジがシャープになっていることがわかる．

また，ラプラシアンフィルタを用いることによってエッジが強調されることを利用して，原画像とラプラシアンを施した画像との差を取ればエッジ強調画像が得られる．すなわち，次式のようなフィルタを施せばよいことになる．

$$\begin{pmatrix} a(-1,+1) & a(0,+1) & a(+1,+1) \\ a(-1,0) & a(0,0) & a(+1,0) \\ a(-1,-1) & a(0,-1) & a(+1,-1) \end{pmatrix} = \begin{pmatrix} -1 & -1 & -1 \\ -1 & 9 & -1 \\ -1 & -1 & -1 \end{pmatrix} \tag{10.20}$$

このフィルタを施した処理画像は図 10.11 に示されるように，図 10.1(a) に示す画像 Hair のエッジを強調した画像となることがわかる．

図 10.11　エッジ強調（原画像は図 10.1(a)）

コラム：シミ・しわの除去

NTSC 方式の SDTV の時代には，画像の高解像度化に研究や開発の精力を多く使ってきた．ところが，ハイビジョン技術が実用の域に達した頃，被写体となる人の顔のきめも細かく写るようになってきたことから，ハイビジョンによって顔のシミやしわなどが露呈されるといった懸念を示される場合もしばしばで始めるようになった．すなわち，画像の高解像度化はすべからくよろこばれる技術とはなるわけではなかった．そこで，顔の部分においてシミやしわなどは少なく映るような処理が望まれるようになり，そのために画像の平滑化技術が改めて見直されるようになったのである．そのためのフィルタとしては，ϵ-フィルタなどが研究対象となり，徐々に実用の域に達しようとしている．このことから，画像のフィルタリングには万能なものなどいまだに存在しないといって過言はないであろう．

10.3 ハーフトーン処理

ここでは，プリンタや印刷に際して行われる処理であるハーフトーン処理について説明する．

10.3.1 画像の 2 値化

プリンタで印刷させるためには画像の 2 値化を行わなければならない．図 10.12 は図 10.1(a) に示す原画像を単純に 2 値化したものである．すなわち，

$$f'(i,j) = \begin{cases} 255 & f(i,j) > 128 \\ 0 & (otherwise) \end{cases} \tag{10.21}$$

に従って 2 値化したものである．このままだと，白と黒との中間的な部分が再現されていないため，何からかの形で白と黒との中間的な部分の表現をする必要がある．その方法として後で述べるディザ法や誤差拡散法などが挙げられる．

図 10.12　図 10.1(a) に示す画像を単純 2 値化

10.3.2　ディザ法

先述の単純な 2 値化では，白と黒との中間的な部分が再現できないため，ディザ法では，閾値を座標によって変化させるものである．すなわち，図 10.13 に示すようなディザマトリクスによって 2 値化するものである．

図 10.13(a) のディザマトリクスは原始的なディザ法として知られる組織的ディザ法，図 10.13(b) の網点印刷で用いられている網点型ディザ法，図 10.13(c) のディザマトリクスは魔方陣行列[4]をディザマトリクスに応用した魔方陣型ディザ法である．

0	8	2	10
12	4	14	6
3	11	1	9
15	7	13	5

(a) 組織的ディザ

11	4	6	9
12	0	2	14
7	8	10	5
3	15	13	1

(b) 網点型ディザ

7	10	13	0
12	1	6	11
2	15	8	5
9	3	3	14

(c) 魔方陣ディザ

図 10.13　ディザ法におけるディザマトリクス

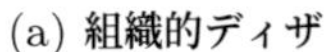

(a) 組織的ディザ

(b) 網点型ディザ

(c) 魔方陣ディザ

図 10.14　ディザ法による 2 値化

4　魔方陣 (まほうじん) とは，正方形の方陣（行列）に数字を配置し，縦・横・斜めのいずれの列についても，その列の数字の合計が同じになるもののことである．特に 1 から方陣（行列）の要素数（例えば，4×4 行列なら $4^2 = 16$）までの数字を 1 つずつ過不足なく使ったものをいう．このときの一列の和 s は行または列の数を n とすれば，

この図 10.13 によって 2 値化処理を行った結果を図 10.14 に示す．マトリックスにおける数字の配置によって 2 値画像の表現が異なってきていることがわかる．網点ディザをはじめとしたこの方法は一般的な印刷で用いられているが，プリンタのようなきめの細かな印刷を要求するものには用いられていない．

10.3.3 誤差拡散法

濃淡画像を単純 2 値化すると量子化誤差[5]が発生する．この量子化誤差を，隣接するまだ量子化していない画素に繰り込んであげることによって，ディザ法よりもなめらかでエッジの再現が優れた方式となることが知られている．この方法は，現在のプリンタにおける量子化のための信号処理におけるハードウェアに組み込まれている．

ここでは，誤差拡散法の概念を簡単に示すため，1 次元での一般的な誤差拡散法のアルゴリズムについて説明する．

誤差拡散法の基本概念を図 10.15 に示す．データ $x(n)$ は，n が 0 から $N-1$ までの N 個存在するものとする．また，$x(n)$ は -1 から $+1$ の範囲の値をとるものとする．

まず，$n=0$ におけるデータ $x(0)$ を読み込む．量子化誤差を付加した値 $g(0)$ は $n=-1$ にデータが存在せず，量子化誤差 $s(-1)$ も存在しないことから次式で与えられる．

$$g(0) = x(0) \tag{10.22}$$

この $g(0)$ の値をしきい値 (ここでは 0) と比較して次式のように量子化する．

$$H(0) = 2\theta[g(0)] - 1 \tag{10.23}$$

ただし，H は量子化された値であり，θ は次式で示されるヘビサイドの θ 関数である．

$$\theta[g(0)] = \begin{cases} 1 & (g(0) \geq 0) \\ 0 & (g(0) < 0) \end{cases} \tag{10.24}$$

このとき $g(0)$ と $H(0)$ との間に発生する量子化誤差 $s(0)$ は次式で与えられる．

$$s(0) = g(0) - H(0) \tag{10.25}$$

次に，$n=0$ において発生した量子化誤差 $s(0)$ を $n=1$ のデータに拡散する．このとき誤差拡散を受けた $n=1$ のデータは次式で与えられる．

$$g(1) = s(0) + x(1) \tag{10.26}$$

この $g(1)$ の値をしきい値と比較して次式のように量子化する．

$$s = \frac{1}{n}\sum_{i=1}^{n^2} i = \frac{n(n^2+1)}{2}$$

と計算できる．プログラミングなどでは魔方陣を作成する問題がよくみられる．

5 量子化とは，ある実数のデータ（たとえば，画像においては階調濃度などである）を少ない種類の整数として代表させることである．このとき量子化を行う前のデータと，量子化を行った後のデータには，誤差が発生するが，この誤差を量子化誤差という．

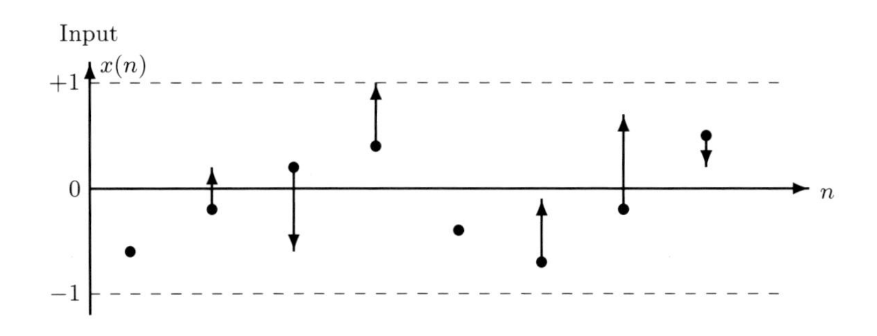

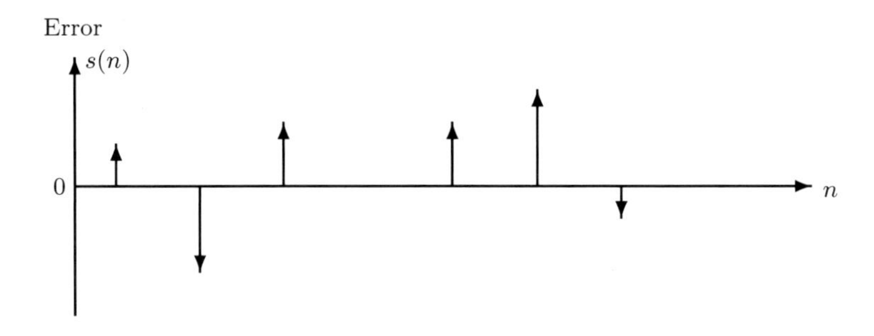

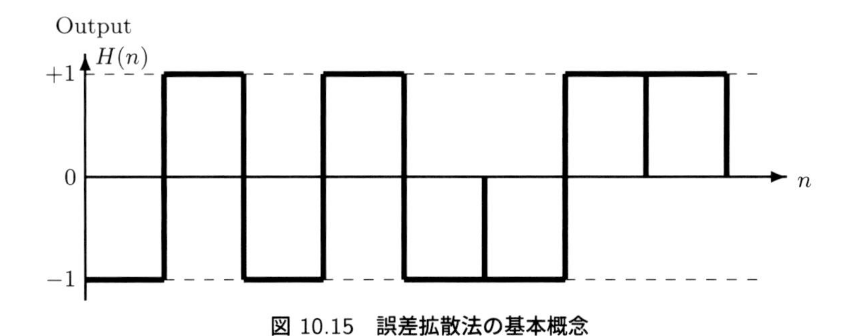

図 10.15　誤差拡散法の基本概念

$$H(1) = 2\theta[g(1)] - 1 \tag{10.27}$$

ここで，$n = 1$ における量子化誤差 $s(1)$ は次式で与えられる．

$$s(1) = g(1) - H(1) \tag{10.28}$$

同様にして，全てのデータにわたって順次誤差を拡散させながら量子化し，出力量子化列 $\{H(n)\}$ を求める．

一般に，k 番目における誤差拡散のアルゴリズム[6]は式 (10.29)〜(10.31) で表せる．

$$g(k) = s(k-1) + x(k) \tag{10.29}$$

$$H(k) = 2\theta[g(k)] - 1 \tag{10.30}$$

$$s(k) = g(k) - H(k) \tag{10.31}$$

6　プログラムを作る際にプログラムの動きに関する手順のことである．

以上，誤差拡散法の原理について述べた．図 10.16 に，誤差拡散法によって 2 値化した処理画像を示す．

		*	7/16	
	1/16	5/16	3/16	

(a) Floyd-Steinberg's Method

		*	7/48	5/48
3/48	5/48	7/16	5/48	3/48
1/48	3/48	5/16	3/48	1/48

(b) Jarvis-Judice-Ninke's Method

図 10.16　誤差拡散法による 2 値化

10.4　画像の評価

画像の評価を行う場合には，以下のような点において評価をする．

1. 原画像に対して忠実に再現されている．
2. 色の再現性がよい．
3. ゴーストなどが発生しない．
4. 階調濃度の変化が少ない領域で雑音が少ない．
5. エッジの領域となる部分で応答が優れている．
6. 動画の場合には，パン（カメラを横向きに動かすこと），チルト（カメラを上下に動かすこと），ズーム（画像を拡大縮小すること）などに対しても良好な応答を示すこと．
7. 文字画像と自然画像が混在しても良好な応答を示すこと．

これらのなかで，基本中の基本は (1) である．テレビジョンなどが表示デバイスの場合には (2), (3) が加味され，プリンタなどの表示デバイスの場合には (4)，(5) の要素が加味される．ところで，画質の評価のために用いる試験画像には様々な種類があるが，以下のようなものが使用されている．ハイビジョンにおいては，(6)，(7) の性能が重視される．

いま，映像情報メディア学会ではハイビジョン用のテストチャートを規定していて，図 7.12〜図 7.16 に示すように用途を分けて数十種類存在する．これらは，色の再現，エッジの再現，クロマキーなど様々な観点からつくられたものであり，測定方法、印刷インキ及び印刷物の測定値に関する国際標準規格に沿ったものとなっている．また，画像電子学会も過去にはテストチャートを用意していたが，測定方法、印刷インキ及び印刷物の測定値に関する国際標準規格が出来たため，国際標準規格に準拠したインキ色を採用する必要が生じることから，2023 年時点では在庫限りをもって頒布終了となった．

過去に出版された諸論文や諸書籍には，図 10.17 に示すような画像を原画像として画像処理を行った事例も多数存在する．

コラム：Lena

画像処理の試験画像として広く用いられていた Lena（レナ）は，1972 年頃に Play Boy 誌に掲載されたヌード写真の一部分を南カリフォルニア大学の研究チームによってスキャンしたものであった．当時のスキャナで 512 × 512 ドットとなる程度の大きさを有する上で，光沢があって幅広いダイナミックレンジがある画像として探しあたった結果であったためだったという説がある．実際に，この Lena の画像には肩や背景における階調濃度の変化の少ない領域と，顔の輪郭や帽子につけてある装飾などのように精細に表現すべき領域とがバランスよく組み合わさっていたことから，複数の特性を 1 枚の試験画像で推し量ることができた，このため，論文をコンパクトにまとめるために貢献したことや，他の論文における方法との比較を行うためとして，1980 年代以降多くの論文でこの試験画像が用いられた．その画像が広く学術研究に貢献したこともあって，被写体であった Lena さんは，IEEE などの国際会議におけるレセプションパーティに招待されるほどであった．しかしながら，"Losing Lena"（2019 年）というドキュメント映画のなかで試験画像として使わないでほしい旨があったことから，試験画像としての利用を見合わせる動きとなった．現在は Lena の画像を用いた論文が新規投稿されたとしても，採択されることはなくなってきている．

■演習問題■

問題 10.1　ノイズの低減に関してメディアンフィルタが総じて有効的なようであるが，その理由について説明せよ．

問題 10.2　画像の少ない階調数（たとえば，4 とか 8 など）で量子化した際に起こりうる現象について説明せよ．その対策には，雑音を加えると良いといわれる．その理由も併せて考察せよ．

問題 10.3 Sobel フィルタを 2 次元に掛けたり，ラプラシアンフィルタを用いたりする用途について考察せよ．

問題 10.4　エッジ強調と雑音の低減は両立させることが困難である理由について考察せよ．

問題 10.5　誤差拡散法は多くのプリンタにプロセッサとして内蔵されている．その長短について説明せよ．

問題 10.6　画像の処理において，SN 比（信号と雑音との比）が 40[dB] になれば人間の眼にほとんど雑音が検知されることはないといわれる．その理由を説明せよ．なお，

$$SN = 20 \log \frac{255}{N} \tag{10.32}$$

であり，N は 1 画素あたりの雑音の平均値で，256 階調の画像を考えれば良い．

(a) Girl (b) Mandrill (c) Milkdrop (d) Pepper (e) Aerial

図 10.17 画像処理に用いられてきた原画像

第11章

画像のフォーマットならびに画像符号化

ここでは，画像を画像機器や計算機などに蓄えるための各種フォーマットについて述べるとともに，それの基盤技術となる画像符号化の技術について，その内容を論じる．

11.1　各種画像フォーマット

画像データにはファイルの種類が色々と存在する．その種類は，静止画と動画とに分類され，さらにそれが符号化の種類や用途に応じて種々存在している．

11.1.1　静止画

静止画のフォーマットには，JPEG (*.jpg)，Windows Bitmap (*.bmp)，Encapselaized PostScript(*.eps) などが存在する [8]．

JPEG

JPEG とは，CCITT と ISO (International Organization for Standarization) のジョイントグループである Joint Photographic Expert Group が 1999 年に標準化した静止画像の形式である．拡張子[1]は jpg もしくは jpeg である．もともとはカラー画像対応の形式であるから，風景，人物，写真の表示に適しており，ディジタルカメラで撮影した静止画は JPEG として記録されるものが多い．この JPEG は高圧縮率となり，ユーザ自身でも圧縮率や画質をコントロールできるといわれている．ところが，圧縮率[2]を高くすると情報量が少なくなってしまうことから画質が劣化してしまう．

GIF

GIF は，アメリカの CompuServe という会社により，1987 年に規定されたカラー画像の形式であり，インターネット用の画像ファイルの形式として広く用いられている．拡張子は gif である．この GIF は通信用の画像形式として考案されたものであるから圧縮率は非常に高い．ただし，8bit，256 色対応によるカラー画像対応でありフルカラー画像（24bit，1677 万色）の対応ではない．アメリカでは 2003 年まで，日本では 2004 年まで，この GIF の技術の根幹である LZW と呼ばれる圧縮アルゴリズムの特許権問題の関係で GIF が使われることは少なかった．その代わりに，それまででは GIF に相当し特許権の絡まない PNG(Portable Network Graphics) が使われる傾向にあった．しかし，LZW の特許権が失効してからは GIF の利用頻度は増えてきている．

Windows Bitmap (BMP)

BMP は Microsoft 社における Windows 用のカラー画像形式である．この BMP の拡張子は bmp である．この形式では，カラー画像であれば，ヘッダ情報，その画素の R（赤）情報・G（緑）情報・B（青）情報，その画素の R（赤）情報・G（緑）情報・B（青）情報 ... となっており，圧縮されていない形式であるため，画質が重視され，ファイルサイズが非常に大きくなる[3]

1　ファイルの後ろの方に付いた 2〜4 文字程度のものである．たとえば，hogehoge という名前の JPEG ファイルであれば，hogehoge.jpg というようになり，この jpg が拡張子にあたる．この拡張子がわかると，どんな種類のファイルか，どんなアプリケーションを使えばよいかを知ることができる．

2　ファイルのサイズをどの程度小さくすることができるかを示した値であり，圧縮率が高いほどファイルサイズが小さくなる．ファイルサイズは B（Byte：バイト），kB（Kilo Byte：キロバイト）などが単位となる．

3　ファイルサイズ = (画素数 $*$ 1 画素あたりの情報量) + ヘッダの情報量．

といった難点がある．また，Windows 系のパソコン以外ではほとんど用いられることはない．

TIFF

TIFF は，Microsoft 社と Aldus 社によって 1986 年に開発されたカラー画像用フォーマットとであり，ビットマップイメージとして保存することができる形式である．TIFF の拡張子は tiff もしくは tif である．TIFF は様々なコンピュータ間におけるデータ交換を目的としており，基本的に非圧縮の形式である．ただ，複数の TIFF 規格があり互換性に難点があるといわれている．

PostScript (PS)

PostScript とは、Adobe Systems 社が開発したページ記述言語である．高品位の印刷が可能なため，DTP 用のレイアウトソフトがこの形式を採用している．

文字や図形や画像と，それらの属性やページ内での位置情報を指定することができる．文字にはフォントや文字の大きさ，字飾りなどを指定することができ，図形は直線や円のほか、自由曲線を表現することが可能になっている．

文字や図形は，ベジェ曲線[4]を利用したベクトルデータ (図形中の主要な点の座標とそれらを結ぶ曲線の方程式のパラメータからなるデータ形式) として表現されるため，出力装置の最大解像度での精細な出力が可能となっている．

現在 Level 1 と呼ばれている最初のバージョンは 1985 年に登場し，1990 年にはカラー印刷や日本語などの 2 バイト言語に対応した Level 2 が，1996 年にはインターネットへの対応や実装水準の段階化、PDF 形式への対応などを追加した Level 3 が発表されている．

Encapsulated PostScript (EPS)

EPS は PostScript（ページ記述言語として知られている）をベースとし，バウンディングボックスやプレビュー画像等の他のメディアに埋め込む際に必要な情報を補った画像ファイルフォーマットである．EPS の拡張子は eps である．

画面以外にもプリンタやイメージセッタなど各種のデバイスで同じファイルを正しく表示することができる．

ベクトルデータとビットマップデータの両方を含むことができ，ベクトルデータのみを含む EPS ファイルは画像を拡大しても画質が落ちることはないが，同じ EPS でもビットマップデータを含む EPS ファイルに関しては画像を拡大するとビットマップ部分の画質が落ちることが知られている．

ドロー系のソフト（Illustrator,CorelDRAW,FreeHand など）やビットマップ系のソフト (Photoshop,Corel Paint Shop Pro, Gixpro など）で作成・編集をすることができる．

PICT

PICT は，Apple 社の MacOS 用のカラー画像形式である．PICT の拡張子は pct である．当

4　コンピュータ上で滑らかな曲線を描くために用いられる曲線である．定義そのものは難しい式であるが，作図そのもののアルゴリズムは比較的易しいことから，現在では広くその名が知られるようになっているものである．

初は白黒画像しか扱えなかったが，現在ではフルカラー画像でも取り扱うことができる．また，PICT 画像には，内部的にベクトル画像とビットマップ画像とを混在させせることができる．

PDF

PDF とは，Adobe Systems 社によって開発された電子文書のためのフォーマットである．レイアウトソフトなどで作成した文書を電子的に配布することができ，相手のコンピュータの機種や環境によらず，オリジナルのイメージをかなりの程度正確に再生することができる．文字情報だけでなく，フォントや文字の大きさ，字飾り，埋め込まれた画像，それらのレイアウトなどの情報を保存できる．PDF 文書の作成には同社の Adobe Acrobat(または互換ソフト) が、表示には Adobe Reader が必要である．

以上が，主たる静止画像の形式の概要である．

11.1.2　動画

動画像のフォーマットには，MPEG，AVI，WMV など多くの種類が存在する．

動画像は動画像データが膨大な大きさになるためデータサイズを減少させることが重要であるという見地から，動画像の圧縮に関する研究が盛んに行われてきた．動画像の圧縮には，MPEG (Motion Picture Expert Group) が知られている．MPEG は 1988 年に ISO/IEC JTC1/SC2 によって設立された動画像符号化の標準化を検討した委員会の名称であり，MPEG ではオーディオとビデオの符号化形式が標準化されている．MPEG の規格は，以下のように 4 つの器部分から構成されている．

1. システム
   動画と音声の動機再生方式などの規定されている．
2. 動画像の圧縮方式
   動画像の圧縮データの構成や意味と符号化方式が規定されている．
3. 音声の圧縮方式
   音声の圧縮データの構成や意味と符号化方式が規定されている．
4. 適合性テスト
   MPEG の使用に適合するかどうかのテストが規定されている．

なお，MPEG の仕様には，MPEG-1，MPEG-2，MPEG-4 があり，歴史的経緯から MPEG-3 は存在しない[5]．

MPEG-1

MPEG-1 は，コンパクトディスクやハードディスクなどに動画を圧縮して保存するための規格であり，1992 年に標準化された．MPEG-1 は，現在，ビデオ CD，テレビ会議，テレビ電話などで用いられているものであり，ビットレートが 1.5Mbps 程度の伝送速度を持つ記録メディアを対象としている．この MPEG-1 の画像品質は VTR 程度であり，テレビジョン受信機など

5　MP3 は MPEG 形式において音声圧縮部を独立させた音楽用のファイル形式である．

のインターレース方式での再生には適していない．

MPEG-1 の符号化の方式についての規定はないが，JPEG と同様に DCT（離散コサイン変換）による空間上の圧縮と，動き補償に基づく時間方向の予測によるデータ量圧縮が行われ，量子化と可変長符号化が行われる．なお，MPEG-1 の複合化はこの逆である．

MPEG-2

MPEG-2 は，5〜30Mbps の伝送速度を前提としており，DVD（ディジタルビデオディスク）で採用されている規格である．1994 年に標準化された MPEG-2 は，現在ではディジタル放送における動画像の圧縮として用いられている方式でもある．MPEG-2 の圧縮方式は MPEG-1 の圧縮方式とほとんど同じであるが，MPEG-2 ではインターレース[6]方式再生にも対応しているという特徴がある．

MPEG-4

MPEG-4 は，データの通信性やインタラクティブ性を考慮した規格であり，1999 年に標準化された．MPEG-4 の符号化方式ではオブジェクト単位の符号化，人工動画像の符号化，リバーシブル可変長符号による符号割り当てなどの機能拡張がなされている．MPEG-4 は，インターネット環境での標準的な動画像の規格となっているが，これをベースに H264/AVC や WMV や AVI などが派生している．MPEG-4 では，3 次元像画像圧縮も可能であり，携帯電話や PDA などのインターネットへの画像配信技術として普及している．

H.264/AVC

H.264 とは，2003 年 5 月に ITU(国際電気通信連合) によって勧告された動画データの圧縮符号化方式の標準の 1 つである．ISO(国際標準化機構) によって動画圧縮標準 MPEG-4 の一部 (MPEG-4 Part 10 Advanced Video Coding) としても勧告されている．このため，一般的には “H.264/MPEG-4 AVC”，“H.264/AVC” のように両者の呼称を併記する場合が多い．

H.264 は，地上デジタル放送の携帯電話向け放送「ワンセグ」や，ソニーの携帯ゲーム機「PSP」，次世代 DVD の「HD DVD」や「Blu-ray Disc」，Apple 社の携帯音楽プレーヤー「iPod」などで標準動画形式として採用されている．また，ワンセグ放送における画像符号化にも用いられている方式である．

H.264 は携帯電話のテレビ電話といった低速・低画質の用途から，ハイビジョンテレビ放送などの大容量・高画質の動画まで幅広い用途に用いられる．従来広く用いられている MPEG-2 に比べ、H.264 を用いると同じクオリティなら概ね半分程度のデータ量で済むよう改良されている．

H.264 の符号化の基本的な方式は H.263 などの従来方式を踏襲しており，動き補償，フレーム間予測，DCT(離散コサイン変換)，エントロピー符号化などを組み合わせたアルゴリズムを利用する．それぞれの技術について，浮動小数点演算を整数演算で代替するなど処理方式を改良し

6　ラスタ走査の変形であり，動画を映し出すには，1 行走査したら次の行は走査せずに 1 行飛び越してその次の行を走査するといった方法をとる．これが 1 画面文行われたら次は，走査されていない行を順次走査するといった動作を行う．なお，飛び越しを行わないものすなわちラスタ走査と同じようなものはプログレッシブ方式ともいう．

たり，新しい技術を取り込むことにより従来方式よりも優れた圧縮率を達成している．

フレーム予測技術や符号化に関していくつかの方式から選べるため，それらの組み合わせが「プロファイル」として複数定義されており，目的に応じて使い分けることで要求される処理性能やビットレートの違いに柔軟に対応できる．

Windows Media Video (WMV)

WMV とは，動画圧縮標準の MPEG-4 を元に Microsoft 社が開発した動画形式である．Windows[7]標準のメディアプレーヤーである “Windows Media Player” が標準でサポートしている形式の 1 つである．

ネットワーク配信を前提に設計されており，高い圧縮率．ストリーミング再生のサポート，DRM(著作権保護技術) によるコピー制御への対応などが特徴であるといわれている．

Audio Video Interleave (AVI)

AVI とは，Microsoft 社が開発した，Windows で音声付きの動画を扱うためのフォーマットである．Windows 上でマルチメディアデータを格納する際に用いられる RIFF というフォーマットを応用し，画像データと音声データを交互に折り混ぜた構造になっているところから，この名前が付けられている．

11.2　画像符号化

11.2.1　静止画の符号化 (JPEG)

一般的に，画像データは非常に情報量が多いのでファイルサイズがテキストデータなどと比較して非常に大きくなる．とくに，カラー画像における情報量は，白黒画像の情報量と比較すると非常に多いということになる．したがって，画像データの保存や伝送においては画像データを圧縮する必要がある．この圧縮は符号化の一種である．圧縮データの復号化は解凍と呼ばれることもある．

圧縮方法には，基のデータを完全に複合する可逆符号化（ロスレス符号化）と，圧縮率を重視して基のデータの完全なる復元を保証しない非可逆符号化（ロッシー符号化）との 2 つがある．画像符号化においては，高い圧縮率という観点から非可逆符号化が広く用いられており，その代表的なものとして JPEG がある．

白黒 2 値画像の符号化

白黒 2 値画像における圧縮法については以下のような方法がある．

1. ランレングス符号化
   白黒 2 値画像は白と黒の画素から構成されている．ここで，白もしくは黒の連続する画素

7　Microsoft 社が発売しているオペレーティングシステムで，コンピュータの基本ソフトウェアに属する．オペレーティングシステム（OS）には，MacOS，Linux，AndroidOS，iOS などが知られている．

をラン (run) とよび，そのときのランの長さを符号化することをランレングス符号化という．この方法は，JPEG はもちろんのこと，G3 ファクシミリにおいても用いられている方法である．

2. MH 符号化
この方法はハフマン符号化の一種である．ハフマン符号化は，ランレングス符号化において，発生頻度の高いランレングスに短い符号を割り当て，発生頻度の低いランレングスに長い符号を割り当てる方法である．これを，簡略化させ，

$$l = 64m + t \tag{11.1}$$

となるように，m と t をそれぞれ 0 から 63 までの 64 段階で表す．また，走査線の終端として EOL 符号があり，符号の数は白が 91 個，黒が 91 個，EOL とあわせて 183 個存在する．

3. MR 符号化
MH 符号化は水平方向だけを考慮した方法であるのに対して，MR 符号化は水平方向だけでなく垂直方向の相関関係も考慮した方法である．

以上が，白黒 2 値画像の符号化の方式である．

JPEG

ここでは，非可逆符号化となる JPEG の原理について説明する．
JPEG 方式では，以下の手順により静止画像を圧縮する．

1. ブロック分割
入力画像をたとえば 8×8 画素に分割する．この 8×8 画素の領域を 1 ブロックという．
2. レベルシフト
各画素における階調濃度は，濃淡画像で 0 から 255 の整数，カラー画像だと R,G,B でそれぞれ 0 から 255 の整数となる．この 0 から 255 の整数を -128 から 127 の範囲に修正する．
3. DCT 係数の算出
このブロック分割てレベルシフトした画素値に対して離散コサイン変換 (Discrete Cosine Transform: DCT) を行う．この DCT によって求められた値を DCT 係数というが，平均的な明るさの指標となる直流成分と，画像の変化を表す交流成分とに分離することができる．
4. 量子化
この DCT 係数の量子化をする．直流成分や大きな変化分を示す部分は細かく量子化し，細かい変化をする高空間周波数成分は粗く量子化する．
5. 量子化した値の符号化
直流成分については，ブロック間の差分を取ってハフマン符号化を行う．また，交流成分については，ジグザグ走査により出現する信号からハフマン符号化を行う．

以上が JPEG の符号化の方式であるが，DCT を用いて細かい変化をする部分について人間の

視覚に影響がない部分をカットしていることによって，非常に高い圧縮率を実現しているのである．

DCT

さきほど，DCT という言葉が出てきたので，DCT の計算について述べる．ところで，画像符号化の分野においては，原点の座標を (0,0) と置き，画素値を $f(i,j)$，その DCT 係数を $F(u,v)$ とすると，標準的な DCT ならびに逆 DCT の関係は次式のように表せる．

$$F(u,v) = \frac{2C(u)C(v)}{N} \sum_{i=0}^{N-1} \sum_{j=0}^{N-1} f(i,j) \cos\frac{(2i+1)u\pi}{2N} \cos\frac{(2j+1)v\pi}{2N} \tag{11.2}$$

$$f(i,j) = \frac{2}{N} \sum_{u=0}^{N-1} \sum_{v=0}^{N-1} C(u)C(v)F(u,v) \cos\frac{(2i+1)u\pi}{2N} \cos\frac{(2j+1)v\pi}{2N} \tag{11.3}$$

ただし，

$$C(n) = \begin{cases} \dfrac{1}{\sqrt{2}} & (n = 0) \\ 0 & (n \neq 0) \end{cases} \tag{11.4}$$

である．実用的な画像符号化においてはブロックサイズが 8×8 画素であるため，$N = 8$ とするのが通例となっている．

11.2.2　動画の符号化 (MPEG)

動画像の基本原理は，複数の静止画像を連続的に表示させせることである．ここで，連続表示される静止画像（コマ）はフレームと呼ばれる．テレビジョン画像においては，1 秒間あたり 30 個のフレームが切り替わりながら表示されることになる．

このフレームの切り替えであるが，1 つの方式は画面全体を切り替える方式であり，もう 1 つの方式は変化した部分を切り替える方式である．後者の方法を利用すれば，変化しない部分を 1 つの画像の領域として再利用することが可能となるので，情報量の削減に役に立つ．この性質を利用して MPEG の方式は成り立っているのである．

MPEG や H.26X 方式などの動画像符号化方式では，「動き補償予測を用いたフレーム間符号化法」が用いられている．これは，各部分をその動き量だけずらした後にフレーム間の差分をとる方式，すなわち，差分符号化に基づくものである．

動画像のフレーム間における画素単位の差分は，動画像の各部が動いていることから，必ずしも 0 に近づくわけではなく，単純差分ではフレーム間の相関は十分に除去できているとはいえない．ただ，動きというものの統計的性質を考えると，フレーム内の局所局所によって異なり，また，フレーム間でも変化しているということが知られている．このため，フレーム間相関を効率よく除去するためには，動きの局所性を考慮した処理を考える必要がある．

フレーム間差分による相関除去効率を改善するために，実際の動画像中の被写体は，並行移動，ズームイン/アウト，回転，局所変形などが行われると考えられるが，その変化は幾何変換の組合せと考えることができる．このような幾何変換のパラメータをベクトル $\vec{p}$ として考え，フ

レーム f_{n-1} とベクトル $\vec{p}$ に基づく幾何変換 F から,

$$f'_n = F(\vec{p}_n, f_{n-1}) \tag{11.5}$$

によって f_n に対する予測画像 f'_n を考え，その予測誤差 d_n を

$$d_n = f_n - f'_n = f_n - F(\vec{p}_n, f_{n-1}) \tag{11.6}$$

とすれば，予測がうまくいったと仮定した場合 $d_n \sim 0$ となり，フレーム間の相関は除去できると考えられる．

このフレーム f_{n-1} から f_n の予測画像を作る操作を動き補償と呼び，f_{n-1} と f_n から動きパラメータ $\vec{p}_n$ を抽出する操作を動き推定と呼ぶ．

現行の MPEG などのリアルタイム符号化においては，動き補償は毎秒 30 フレームに及ぶ処理が必要になるため，計算量[8]の削減が必要となる．現実的な対応を考え，「一般的に，動画像のフレームレートはある程度高いために，フレーム間の動きはわずかであり，これらは部分的な並行移動として近似できる」と考えれば，現行の動画像符号化法では，

1. 並行移動だけを動き補償の対象とする．
2. 動きパラメータの符号量や計算量および補償効率とのトレードオフを考慮して，あらかじめ定められた適当なサイズとなるブロックを単位として動き補償を行う．

としている．これによって，動きパラメータは各ブロックについて並行移動量を与えるベクトルだけとなり，これを動きベクトルと呼ぶのである．なお，動き補償を行うブロックサイズは MPEG-1，MPEG-2 では 16 × 16 画素で固定（マクロブロックと呼ばれる）とし，H.264/AVC では 16 × 16〜4 × 4 の範囲から選択できるのである [9].

11.2.3 MPEG-1, MPEG-2 の概要

ここでは，MPEG-1 ならびに MPEG-2 に関する概要について説明する．

MPEG-1 について端的にいうと，「4:2:0 フォーマットの動画像信号に対して，16 × 16 のマクロブロックを単位として双方向を含む半画素精度の動き補償を適用し，その予測誤差を DCT 符号化する，動き補償 +DCT 方式である」と考えてよい．その符号化/復号化器は図 11.1 に示した方式をベースとしている．

4:2:0 フォーマットにおけるマクロブロックは図 11.2 に示すように，輝度 (Y) のために 4 つ，色差 (C_b，C_r) のために各 1 つの合計 6 つの 8 × 8 画素の DCT ブロックから構成されている．また，P，B ピクチャのように動き補償を受けるマクロブロックは最大で 2 つのを伴うので，各マクロブロックは図 11.3 に示すように六つの DCT ブロックで最大 2 つの動きベクトルから構成される．したがって，MPEG-1 のような動き補償 +DCT 方式ではマクロブロック分だけ，それてビデオデータを構成する全フレームにわたって並べたものが主たる符号化データとなる．

---

8 計算を行うためにどれだけのマシンサイクルを費やすかを示したものである．計算時間であれば直感的にわかりやすいかもしれないが，その場合には計算機の使用によって大幅に異なることから，普遍な量として計算量を用いる．多くの場合，計算量はたし算の回数とかけ算の回数とで考えることが多いが，とくに，かけ算にかかるマシンサイクルは足し算のマシンサイクルと比較して大幅に多いことから，かけ算の回数だけで計算量を比較することが多いとされる．

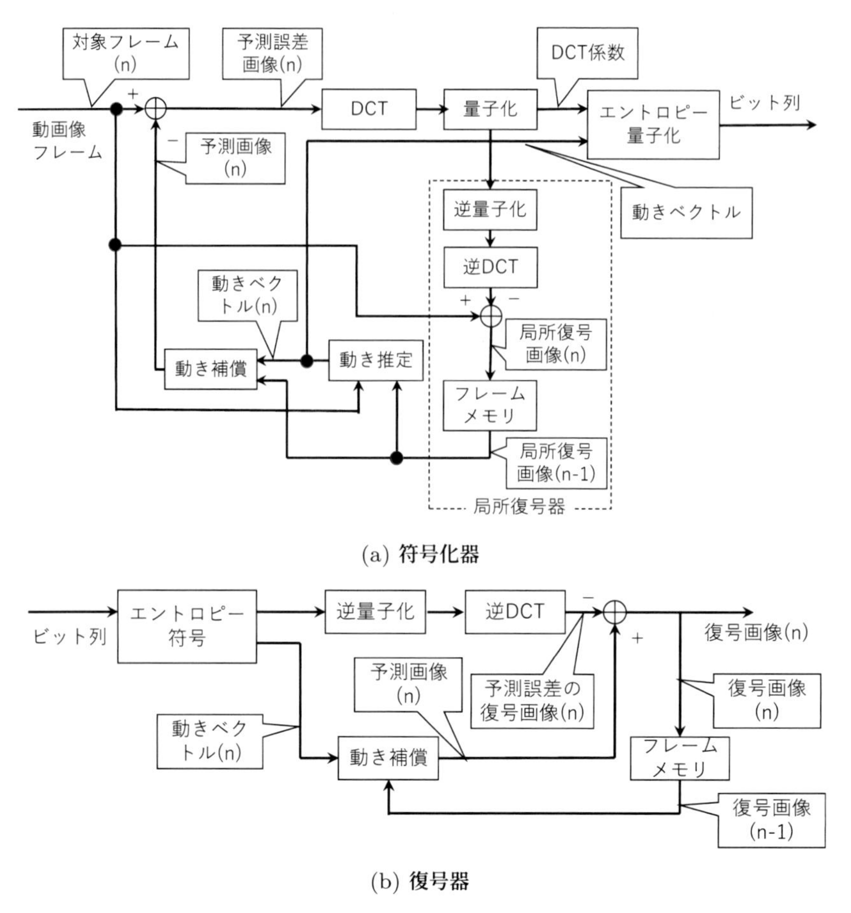

(a) 符号化器

(b) 復号器

図 11.1　動き推定/動き補償と DCT に基づく符号化/復号化器のブロック図

実際の MPEG-1 のビット列は図 11.1 に示すような 6 章の階層構造として構成される．各層はヘッダと呼ばれる先頭部分とその 1 つ下の階層のデータ群から構成される．ヘッダ部分には復号の際に必要となる情報が所定のフォーマットに従っておかれている．ピクチャ層は各フレームに対応し，I,P,B のうちの 1 つがピクチャタイプとして割り当てられる．ここで，I ピクチャとは全体がフレーム内（イントラ）符号化されたフレームであり，P ピクチャとは順方向の動き推定ならびに動き補償を受けるフレームで，B ピクチャは双方向の動き推定ならびに動き補償のうちの 1 つを選択的におけるフレームである．また，1 名以上の I ピクチャを含むフレームの集まりを GOP (Group of Picture) と呼び，ビデオコンテンツ全体を GOP の集まりとして表すのがシーケンス層である．ピクチャ層の下にあるスライス層は，伝送エラーによってビット列の一部が破壊された場合などにエラーからの復帰を容易にするために設けられた層である．このスライス層はマクロブロック層により構成され，マクロブロック層は 8 × 8 画素の DCT ブロックに相当するブロック層からなるのである．

以上が，MPEG-1 の構成についてビット列という観点から見た概要である．MPEG-1 と MPEG-2 との主な差異は，MPEG-1 がプログレッシブ走査に対応する方式であるのに対して，MPEG-2 がインタレース走査に対応する方式であるという点である．

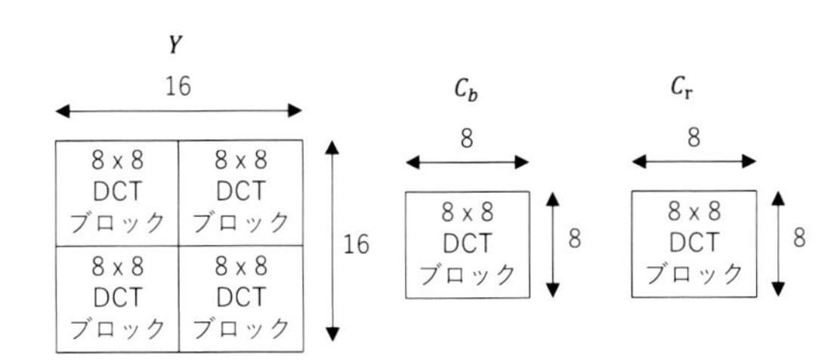

図 11.2 4:2:0 フォーマットの DCT ブロック

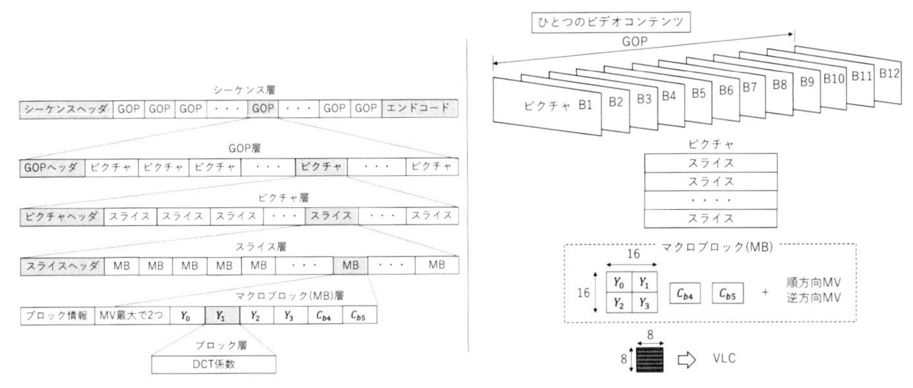

図 11.3 MPEG ビット列の階層構造

なお，ディジタル放送ことに地上ディジタル放送においては MPEG-2 によるビット列を送信し，テレビ受像器にて動画再生していることになる．

コラム：符号化における画質の劣化

画像符号化を行った場合，可逆符号化（ロスレス符号化ともいわれる）であれば画質の劣化はおこらないが，非可逆符号化（ロッシー符号化ともいわれ，JPEG,MPEG などがそれにあたる）の場合には符号化が原因となるような画質の劣化が見られる．1 つはモスキート歪み，もう 1 つはブロック歪みである [10].

モスキート歪みは，ブロック内にエッジがある場合に，ブロック内の平坦な部分にエッジを軸とした濃淡の縞模様が発生するものをいう．実際に蚊がぶよぶよしたような感じに見えることからモスキート歪みという．数学的にはフーリエ変換におけるギブス現象によるものである．

ブロック歪みは，ビットレートが高くなる際にブロックの境界が不自然に不連続に見えてしまう現象のことをいう．これは，DCT 符号化を行う際に，ブロックごとに分割して行っていて，ブロックの境界における画素の相関はとられていないことから，ブロックの境界で不連続になってしまうことがあることによる．

■演習問題■

問題 11.1　256 × 256 画素の BMP ファイルについて (1) 白黒 2 値画像の場合，(2) 白黒濃淡画像 (8bit) の場合，(3) フルカラー画像（約 1677 万色：24bit）の場合，ファイル容量はどの程度の大きさになるか計算せよ．ただし，1 画素あたりの情報量はヘッダ部分のサイズは無視して良い．

問題 11.2　動画像の符号化において動き推定や動き補償が必要な理由を考察せよ．

問題 11.3　ディジタル画像におけるモスキート歪みを検出しやすい画像は口絵 2 であればどの画像がわかりやすいであろうか．

問題 11.4　ポータブルオーディオ機器には音楽情報が MP3 により記録される．その理由について説明せよ．

問題 11.5　ビットマップデータを含んだファイル（BMP や JPEG など）とベクトルデータを含んだファイル（EPS など）との違いについて述べよ．

問題 11.6　ビットレートと画質との関係について考察せよ．

第12章

パターン認識

パターン認識とは，与えられたデータから，その意味や内容を識別する方法である．音声認識であれば1次元信号の代表的な認識であり，画像情報のパターン認識であれば2次元信号を扱ったものといえる．

コンピュータ画像処理におけるパターン認識では，あらかじめ入力されている標準のパターンに対してどれだけ類似しているかを数値によって表すことによって行っていて，これを統計的パターン認識と呼んでいる．

12.1 マッチングの原理

入力パターンと標準パターンが一致するものを見つけ出すこと自体は直感的に考えて特段難しいことはない．入力パターンが標準パターンと一致しない場合に，人間は標準パターンとある一定の基準に照らし合わせて類似したパターンを選択する．これをコンピュータで行う場合には，評価式を用いてすべての標準パターンに対して計算をして数値化して比較する必要がある．

2 つの関数 $f(x)$，$g(x)$ をそれぞれ 2 個のデータで代表させることを考える．ここで，f_1，g_1 を 2 次平面の横軸，f_2，g_2 を 2 次平面の縦軸として考えると，(f_1, f_2)，(g_1, g_2) は 2 次元平面の位置を表している．また，原点からこれらの点に向かう直線を 2 次元空間のベクトルとして考えると，2 つのベクトル $\vec{f}$，$\vec{g}$ のそれぞれの大きさ（ノルム[1]）は，

$$||\vec{f}|| = \sqrt{f_1^2 + f_2^2} \tag{12.1}$$

$$||\vec{g}|| = \sqrt{g_1^2 + g_2^2} \tag{12.2}$$

となる．ベクトル間の距離[2]$d(\vec{f}, \vec{g})$ は，

$$d(\vec{f}, \vec{g}) = ||\vec{f} - \vec{g}|| = \sqrt{(f_1 - g_1)^2 + (f_2 - g_2)^2} \tag{12.3}$$

である．もし，$\vec{f}$ と $\vec{g}$ が一致した場合には距離が 0 になるので，ベクトル間の距離はベクトル間の関係を調べる上で重要な値であるといえる．

ところで，距離が同じでも 2 つのベクトルがなす角度が異なることがどういう意味を示すかを考える．そのため，図 12.2 に示すように，$\vec{h} = \alpha\vec{f}$ となるようなベクトルを考える．この場合だと，直感的に $\vec{f}$ と $\vec{g}$ との関係よりも，$\vec{f}$ と $\vec{h}$ との関係の方が強いと考えることができる．その理由は，$\vec{h}$ については $\vec{h} = \alpha\vec{f}$ となるが，$\vec{g}$ については $\vec{f}$ を何倍しても得ることができないからである．そこで，角度に関するファクターを考えるために，$||\vec{f} - \vec{g}||^2$ を考えることにする．

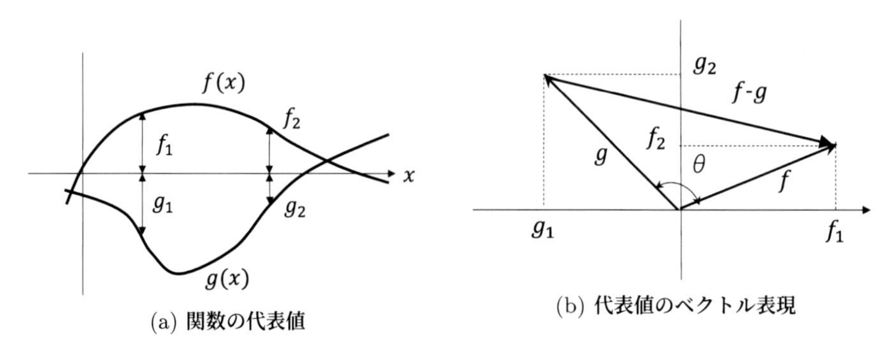

(a) 関数の代表値　(b) 代表値のベクトル表現

図 12.1　関数の代表値とベクトル

1　大きさと方向（または位相）をもった数量のことである．例えば，力の合成や光の干渉などはベクトルの和という概念が用いられる．

2　2 つのベクトル $\vec{a}$ と $\vec{b}$ との距離 $||\vec{a} - \vec{b}||$ とは，ベクトルの差 $\vec{a} - \vec{b}$ のノルムということである．

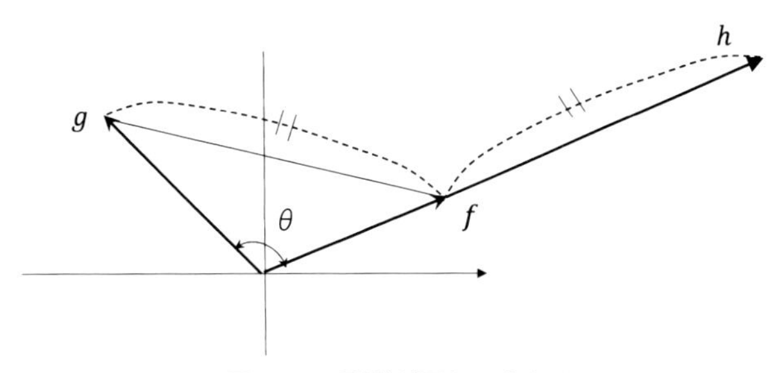

図 12.2 距離が同じベクトル

$$\begin{aligned} ||\vec{f}-\vec{g}||^2 &= (f_1-g_1)^2+(f_2+g_2)^2 \\ &= f_1^2+f_2^2+g_1^2+g_2^2-2(f_1g_1+f_2g_2) \\ &= ||\vec{f}||^2+||\vec{g}||^2-2<\vec{f},\vec{g}> \end{aligned} \tag{12.4}$$

となる．ここで，$<\vec{f},\vec{g}>$ はベクトルの内積を意味する．一方，図 12.1(b) の三角形に余弦定理[3]を適用すると，

$$||\vec{f}-\vec{g}||^2 = ||\vec{f}||^2+||\vec{g}||^2-2||\vec{f}||\cdot||\vec{g}||\cos\theta \tag{12.5}$$

となる．ベクトルの内積について，

$$<\vec{f},\vec{g}>=||\vec{f}||\cdot||\vec{g}||\cos\theta \tag{12.6}$$

であるから，相関係数[4] R は

$$R=\cos\theta=\frac{<\vec{f},\vec{g}>}{||\vec{f}||\cdot||\vec{g}||}=\frac{f_1g_1+f_2g_2}{\sqrt{f_1^2+f_2^2}\sqrt{g_1^2+g_2^2}} \tag{12.7}$$

となる．この R が 0 となるときは 2 つのベクトルには相関がなく直交しているということができ，R が 1 となるとき $\vec{f}$ と $\vec{g}$ とはスカラー倍の関係にあるということができる．したがって，2 つのベクトルがなす角度も 2 つのベクトルの関係を知る上で重要であるということができる．

このベクトルの類似度を画像データに適用するためには，ベクトルの数を画素数分（N 個と想定する）だけ用意して同様に考えればよい．このベクトルを特徴ベクトルという．N 次元ベクトルについて相関係数 R は，

3 三角形 ABC において，$a=BC$, $b=CA$, $c=AB$, $\alpha=\angle CAB$, $\beta=\angle ABC$, $\gamma=\angle BCA$ としたとき

$$a^2=b^2+c^2-2bc\cos\alpha$$

$$b^2=c^2+a^2-2ca\cos\beta$$

$$c^2=a^2+b^2-2ab\cos\gamma$$

が成り立つ．なお，α，β，γ のいずれかが 90° となった場合（直角三角形になる場合）には，この余弦定理は三平方の定理（ピタゴラスの定理）に帰着する．

4 2 つの確率変数の間の相関（類似性の度合い）を示す統計学的指標である．相関係数は -1 から $+1$ の間の実数値をとり，$+1$ に近いときは 2 つの確率変数には正の相関があるといい，-1 に近ければ負の相関があるという．また，相関係数が 0 に近いときは，相関が弱いという．

$$R = \cos\theta = \frac{\displaystyle\sum_{k=0}^{N-1} f_k g_k}{\sqrt{\displaystyle\sum_{k=0}^{N-1} f_k^2}\sqrt{\displaystyle\sum_{k=0}^{N-1} g_k^2}} \tag{12.8}$$

となる．ここで，k が同じところでは $\vec{f}$ と $\vec{g}$ において同じ座標を指すことを意味する．

この相関係数 R を求めることによって，マッチングをとると考えればよい．

12.2　テンプレートマッチング

画像信号に対する最も単純なパターンマッチングは，特徴ベクトルとして濃度値データをそのまま用いる方法である．すなわち，入力パターンと標準パターンとのそれぞれの階調濃度の相関係数の値または距離の値を調べる方法をテンプレートマッチングという．

このテンプレートマッチングは，

1. パターンの位置の検出
2. 運動物体の追跡
3. 撮影時期が異なる画像における位置合わせ

などに用いられるものである．具体的には，ナンバープレートにおける数字の認識などに用いられている．

このテンプレートマッチングの具体的な処理の方法について述べる．入力画像 $f(i,j)$ のなかから，サイズ $m \times n$ のテンプレート（標準パターン）$t(k,l)$ を検出するものとする．図 12.3 に示すようにテンプレートを原画像のある点 (i,j) にその中心が重なるようにおいて，点 (i,j) をラスタ走査させながら最大となる位置を決定する．

類似度 $R(i,j)$ の計算は，

$$R(i,j) = \sum_{m-1}^{k=0} \sum_{n-1}^{l=0} f\left(i - \frac{m}{2} + k, j - \frac{n}{2} + l\right) t(k,l) \tag{12.9}$$

となる．この場合だと，パターンの形状は同じでも，階調濃度が同じだけずれているときに類似度がわかりにくくなるので，$f(i,j)$ の平均値 $\bar{f}$ と $t(k.l)$ の平均値 $\bar{t}$ を用いて，

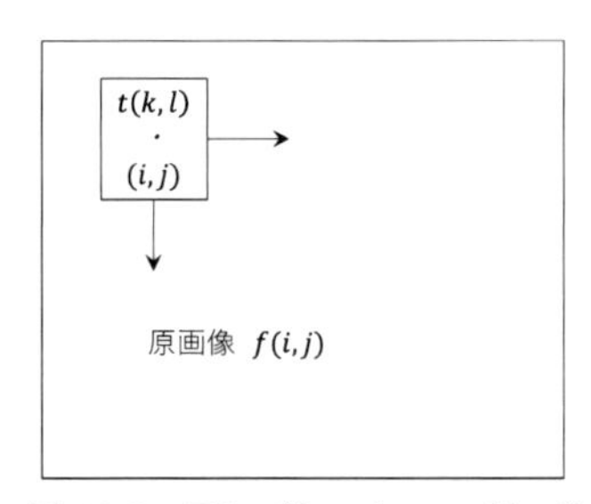

図 12.3　テンプレートマッチング

$$R(i,j) = \sum_{m-1}^{k=0} \sum_{n-1}^{l=0} \left\{ f\left(i - \frac{m}{2} + k, j - \frac{n}{2} + l\right) - \bar{f} \right\} \{t(k,l) - \bar{t}\} \tag{12.10}$$

とすることもある．さらに，コントラストの差があってもパターンの形状が類似していればよいということを考えるならば，

$$R(i,j) = \sum_{m-1}^{k=0} \sum_{n-1}^{l=0} \left\{ \frac{f\left(i - \frac{m}{2} + k, j - \frac{n}{2} + l\right) - \bar{f}}{\bar{f}} \right\} \left\{ \frac{t(k,l) - \bar{t}}{\bar{t}} \right\} \tag{12.11}$$

と考えることもあり，画像の性質によってこれらを適宜選択することになる．いずれにしても，この計算を (i,j) の取り得るすべてについて計算した後，最大値を求めることによって，標準パターンの存在する位置 (i,j) がわかるのである．

もし，2 値画像に対してテンプレートマッチングを行う場合には，次式に示す距離 $d(i,j)$ を計算して，最小値を求める方法もある．

$$d(i,j) = \sum_{m-1}^{k=0} \sum_{n-1}^{l=0} \left\{ f\left(i - \frac{m}{2} + k, j - \frac{n}{2} + l\right) - t(k,l) \right\} \tag{12.12}$$

この計算は，式 (12.10) と比較すると乗算が少ないため，計算量を少なくできるという利点がある．

コラム：DP マッチング

近年は，郵便物などの仕分けの際に郵便番号を自動的に認識することによる方法で仕分けの自動化を図っているといわれている．その際に，特徴点，たとえば，端点，分岐点，連結点，交差点などを抽出し，それを用いてパターン認識をする．ところが，郵便番号のような文字は印刷された場合であれ，手書きの場合であれ，全く同じものを選択するようなマッチングはできない．なぜなら，印刷されたものであればフォントが異なっていることもあり，手書きであれば書く人のくせによってテンプレートマッチングができるような状態ではないのである．そこで，特徴点の性質からできるだけ誤差が少なくなるようなパターンを選択させるようなマッチングを行うが，そのときにできるだけ誤差が少なくなるようにする動的処理を行ってマッチングをとることを DP（動的計画法：Dynamic Programming）マッチングという．

12.3 位相限定相関法

ところで，関数 $f(x)$ と関数 $g(x)$ との相関関数 $h_1(x)$ を求める際に，

$$h_1(t) = \int f(\tau) g(\tau - t) d\tau \tag{12.13}$$

として求めることがある．これは，次式に示す畳み込み積分

$$h_2(t) = \int f(\tau)g(t-\tau)d\tau \tag{12.14}$$

と非常に類似したものであるが，これらの積分をそのまま行うと非常に難しくなる場合がある．画像情報などを扱う場合はその傾向は顕著であるともいわれる．そこで，フーリエ変換

$$\mathcal{F}[f(t)] = F(\omega) = \int f(t)\exp(j\omega t)\,dt \tag{12.15}$$

の関係を利用すると，式 (12.13) については，

$$H_1(\omega) = \mathcal{F}[h_1(t)] = F(\omega)G^*(\omega) \tag{12.16}$$

という関係が導ける．ここで，$G^*(\omega)$ は $G(\omega)$ の共役複素数である．したがって，相関関数は，2 つの関数をそれぞれフーリエ変換をして，その乗算をした結果を逆フーリエ変換することによって求めることが出来る．

その性質を利用したのが位相限定相関法 (Phase only Correlation: POC) である．位相限定相関法とは，2 つの画像をそれぞれフーリエ変換し，それぞれの位相成分を抽出したものを掛け合わせ，その逆フーリエ変換を行うことによって各画素における相関係数の値 $h_1(i,j)$ を求めるものである．すなわち，2 つの画像 $f(i,j)$ と $g(i,j)$ とがあったとしてそれぞれのフーリエ変換を $F(u,v)$ と $G(u,v)$ とすると，

$$h_1'(i,j) = \mathcal{F}^{-1}\left[\exp(j\arg[F(u,v)])\exp(j\arg[G^*(u,v)])\right] \tag{12.17}$$

である．ここで，$\arg[F(u,v)]$ とは $F(u,v)$ の偏角[5]である．位相限定という意味は，この式でも表すように，$F(u,v)$ と $G(u,v)$ における大きさは用いずに位相だけを用いるからである．この位相限定とする理由は，画像の復元にあたっては画像のフーリエ変換成分の大きさと位相とでは位相の方が重要な成分であるという知見に基づいているためである．

図 12.4 に 2 つの画像の位相限定相関をとった処理例を示す．図 12.4(c) において，明るいスポットがある場所が，文字 “A” の存在する場所にあるということができる．

この性質を利用して，テンプレートマッチングと同じような 2 つの画像もしくは画像の含まれる物体の類似度や物体の移動量を知ることができる．また，光を用いた演算を行うことで瞬時にこの演算を行うこともできることが知られている [11].

コラム：リモートセンシング

リモートセンシングとは，離れた場所から様々な様子を観測することを意味するもので，Landsat（航空物体から地表を撮影した画像）による観察がその応用例となる．それによると，毎年毎年同じ位置から撮影し，それぞれの画像を比較することによって市街地における建物などの分布の変化などを調べることができる．

5　複素数 $a+jb$ における偏角 θ は，

$$\theta = \tan^{-1}\frac{b}{a}$$

である．偏角をその複素数の argument ということもあって，複素数 $F(\omega)$ の偏角を，$\arg[F(\omega)]$ と書くのである．

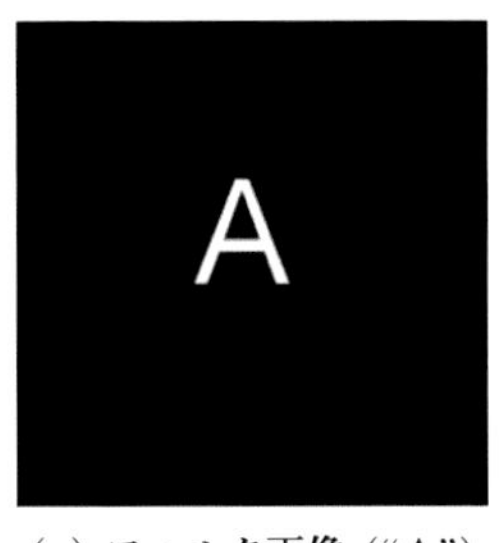

(a) フィルタ画像 (“A”)

(b) アルファベットを並べた画像

(c) 位相限定相関画像

図 12.4　**位相限定相関法**

■演習問題■

問題 12.1　テンプレートマッチングにおける問題点は何か，考察せよ．

問題 12.2　DP マッチングは手書き文字の認識などに用いられているといわれるが，認識率が 100% になかなか到達しない．その理由を説明せよ．

問題 12.3　人間の頭脳のようなパターン認識装置を構築するために必要な技術は何であるか考察せよ．

問題 12.4　テンプレートマッチングと位相限定相関認識との比較について考察せよ．

第13章

CG，VR，立体映像

ここでは，下記について，わかりやすく説明を行う．

1. CGとVR：最近，話題となっているCG，VRの技術を平易に解説する．
2. 立体映像技術：立体メガネ，レンチキュラ，ホログラムなど立体的に映像を見せるための技術の原理を説明する．

13.1　コンピュータグラフィックス (CG)

コンピュータグラフィックス (Computer Graphics: CG) は，計算機で処理した結果をディスプレイ上に画像で表示するマン・マシン・インターフェイスとしてスタートし，計算機を使って図形を扱い表示をさせる技術やその技術から得られた画像を意味する．

CG は電子的に画像を生成するために実在しない世界までも映像化することができる．このことから，建築，電気，機械などさまざまな産業分野における設計段階での事物を表示させる設計ツールとしても使用されており，その設計ツールは CAD/CAM と呼ばれている．また，CG はテレビ番組やゲームなどでも多く利用されており，バーチャルリアリティ (Virtual Reality: VR) やマルチメディアの基幹技術としても注目されている分野である．

13.1.1　2 次元コンピュータグラフィックス

文字やグラフ．画像などの平面的な図形を対象とするグラフィックスを 2 次元 CG と呼んでいる．ベクトルフォント[1]やアウトラインフォントをはじめとした文字の描画法や，画像の部分的な修正・合成・加工などの機能を備えたエレクトロペイントシステムがテレビ番組などの映像制作にも使用されている．

以下，2 次元 CG における基礎的な技法について述べる [12].

アンチエリアジング

NTSC 方式のテレビ放映を目的とした CG 画像の場合だと，通常は 640 × 525 画素の画像領域で各フレーム画像の処理が行われている．これを，ラスタ走査方式のディスプレイに表示した場合，斜線となる部分や線画のエッジやカーブとなるところで階段状のぎざぎざ模様が出現するという問題が発生する．これは，画素数の不足から生じてくるエリアジング誤差[2]という現象であり，CG 画像の画質低下の原因となる．このため，エッジのギザギザを目立たなくするようにするために，エッジをぼかす処理を行うことをアンチエリアジング処理と呼んでいる．ハイビジョンの場合だと 1920 × 1080 画素であるので，この影響は少なくなると考えられるが，細線，線画，精細文字などを表現する場合には，やはりこの処理が必要になってくる．

色圧縮

CG 画像のディスプレイ表示において，3 原色である R,G,B にそれぞれ 8 ビットの階調を与えると約 1670 万色を直接表示することが可能になる．しかし，実際に圧が宇画像において同時に現れる色数はその一部であり，また画像によっては極めて似ている色を一色にまとめても自然さを失わない場合がある．

1　文字の輪郭線によって作成されたフォントのことをいう．ベクトルフォントとも呼ばれ，ビットマップフォントと比較すれば，表示のための演算は複雑になるものの，拡大縮小を行っても形が美しく見えるといった長所がある．

2　サンプリング定理（サンプリングのことを標本化と呼ぶこともある）によると，サンプリングを行う際には，その信号が有する周波数の 2 倍の周波数によってサンプリングを行わないともとの波形を復元できない．もし，その信号が有する周波数の 2 倍以下でサンプリングを行った場合，復元された信号には誤差が生じるが，その誤差をエリアジング誤差という．

そこで，画像メモリの低減，作画作業の効率化，ルックアップテーブル[3]方式のディスプレイの利用を目的として，色数の削減，すなわち，色圧縮を行う．色圧縮は画像の生成技法ではなく画像の処理技法になるが，作画されたCG画像の後処理として有効の技法である．

多値カラーディザ法

自然画像に対して色圧縮を施したり，R,G,Bの各階調値に対して少ないビット数で表示した場合，偽輪郭線という原画像には見られない明確な輪郭線が発生し著しい画質の劣化を招くことがある．そこで，偽輪郭線を目立たなくするために多値カラーディザ法を用いるのである．

多値カラーディザ法は，従来の2値のディザ法をカラー画像や多値画像へ拡張させたもので，組織的ディザ法や誤差拡散法などが用いられている．

α アルゴリズム

コンピュータを用いたモンタージュ写真の作製における写真合成処理において，ある物体を切り出して，他の物体上に配置した場合にその切り端の部分が目立って，劣化としてみられることがある．その合成処理において切り端部分の目立ちを知覚上低減する方法としてαアルゴリズムがある．αアルゴリズムは，画素を表す正方領域の中に2つの画像，すなわち，背景画像とその上に重ねる物体画像が存在する場合には，それぞれの画像要素のしめる面積比に応じた割合で，それぞれの画像要素の色を混合した結果をその画素の色とする方法なのである．このような混合比をα比と呼ぶ．

13.1.2 3次元コンピュータグラフィックス

3次元図形を扱うコンピュータグラフィックスを3次元CGと呼ぶ．3次元CG技術に，その生成手順から，モデリング，レンダリング，アニメーションの3つの技術に分類される．

その中核となるのは，モデリングとレンダリングであるので，

$$3\text{次元}\,CG = \text{モデリング} + \text{レンダリング} \tag{13.1}$$

といっても過言ではない．

モデリング

モデリングとは，撮影する物体もしくは情景，光源，カメラなどの撮影環境をすべて数値的に表したモデルを作製する手順をいう．物体の複雑な形状をポリゴン[4]で近似した多面体モデルが広く利用されていて，1秒間に描画できるポリゴンの数がCG装置の性能を比較するために指標となっている．

3　探索を行うための対応付けを行った表である．たとえば，ペアノ曲線を描画するときや，複雑な図形を表現する際に探索の対応付けを行う表があり，その表をルックアップテーブルという．このテーブルは，計算時間短縮のための方法として利用される．

4　多角形という意味である．CGではポリゴンをどれだけ描画できるかという点でハードウェアの描画能力を比較している．なお，閉じていない線画についてはオープンポリゴンと呼んでいる．

レンダリング

モデリングによって，作成されたデータを基に，カメラで撮像面に相当するスクリーンに映る画像を算出する手順をレンダリングという．

光源や視点に対する物体の表面の向きによって，同じ物体であっても場所によっては明るさに違いが生じてくる．これが，陰（シェーディング）であり，物体が証明項を遮って床面にできる影（シャドウ）と区別される．レンダリングのうち，最も簡単な表示法はポリゴンごとに一様な明るさを表示され，ポリゴンが異なれば明るさも異なるようにするのが，フラットシェーディングがあり，ランバートシェーディング，ファセテッドシェーディングと呼ばれることもある．

実物のなめらかなシェーディングを再現する手法を総称してスムースシェーディングという．このうち，最も一般的なグーロウシェーディングは，光の反射法則（シェーディングモデル）を使って，ポリゴンの各頂点の明るさを計算し，撮影面に投影した各頂点の明るさを内挿して面を塗りつぶす方法で，手順がフィードフォワードであることから，ハードウェア実装が進み，グラフィックワークステーション (GWS) もしくはグラフィックプロセッサユニット (GPU[5]) などのハードウェア化された線用の描画機構を使って高速描画を実現している．

レンダリングの高速化は専用のハードウェアや並列演算[6]機構が多用されていて，スーパーコンピュータを利用した例もあるが，まだまだ高速演算のためには課題が多いといえる．

13.2　バーチャルリアリティ (VR)

バーチャルリアリティ (Virtual Reality: VR) は，実在しない世界をあたかも現実に存在するもののように感じさせることのすべてをいう．このように実在しない世界をあたかも現実のように感じさせるためには，人間の五感（視覚，聴覚，触覚，嗅覚，味覚）に対して現実世界と同等の刺激を与えなければならないということになる．

そのために，実在しないものが実在すると同等な刺激が与えられるようにするための仕組みを提案する数々のアプローチが試みられたのである．ここでは，人間の知覚の 80% 以上の比率を持つといわれるところの視覚に関するものについて説明することにする．人間の視覚に対しては，ディスプレイやプロジェクタを用いて，そこに物体が存在するかのような映像を提示することで，実際に物体が存在する場合と同様な刺激を与えることができる例もある．そのための技術としては，

1. コンピュータグラフィックス
2. 高臨場感ディスプレイ技術

の 2 つに区別される．そのなかで，コンピュータグラフィックスは前節で述べているものが複雑に組み合わさることで実在する物体と同じように描写させることが可能になりつつある．また，

5　グラフィックのためのプロセッサで，パーソナルコンピュータであれば NVIDIA の GeForce や AMD の Radeon などが知られている．近年は，GPGPU といって GPU に CPU の負荷の一部を負担させる演算方法も使われるようになり，計算能力の向上にも役に立っている場合がある．

6　複数の処理を同時に行うことを並列処理といい，その並列処理のための演算のことをいう．

高臨場感[7]ディスプレイ技術としては，立体というものを以下に現実的に立体として知覚させしめるかということをディスプレイ技術として確立させていこうとするもので，ヘッドマウントテッドディスプレイ (HMD) や没入型ディスプレイなどさまざまな 3 次元映像表示技術が挙げられる．ここでは，そのような 3 次元映像表示技術についていくつか説明する．

13.2.1 ヘッドマウンテッドディスプレイ (HMD)

仮想現実感の非常に単純でかつ強力な考え方は，コンピュータ映像だけを体験者に見せることによって，その世界に入り込んだような感覚すなわち没入感を得させるということである．

ヘッドマウンテッドディスプレイ (Head Mounted Display: HMD) は図 13.1 に示されるような概形のもので，実際にはゴーグル状もしくはメガネ状の形状となっている．つまり，HMD を装着することによって，眼前に存在する光学系を介して小型のディスプレイを構成しているものであり，VR ゴーグルやスマートグラスという名称にて知られるようになっている．

HMD は図 13.1 のような眼前をディスプレイで覆っている構造となっているが，前後左右どこを見てもコンピュータから得られた映像とすればよいというところからこの構造が考案されたと考えられている．この HMD は観察者の頭部に装着するため，楽な姿勢で画面を見ることができ，しかもどこを向いても映像を観察することが出来るという特徴がある．また，両方の眼に対する光学系はそれぞれ別々になっているので，それぞれの眼のために視差[8]が生まれるような画像を入力してあげられたら，両眼視差による立体視ができる．頭の動きを検出するヘッドモーションセンサ[9]が搭載されることによって，コンピュータ側で観察者の頭を向いている方向の映像を生成することができるようになり，360° の映像を作り出すことができるようになる．

また，HMD が一人しか見ることのできないディスプレイであること，すなわち，HMD のパーソナル性は，特徴でもあり欠点ともなる．HMD のパーソナル性の効果として，

1. 一般的なディスプレイはのぞき込まれると表示内容を他人に見られてしまうが，HMD ではその構造ゆえに他人には見えない．

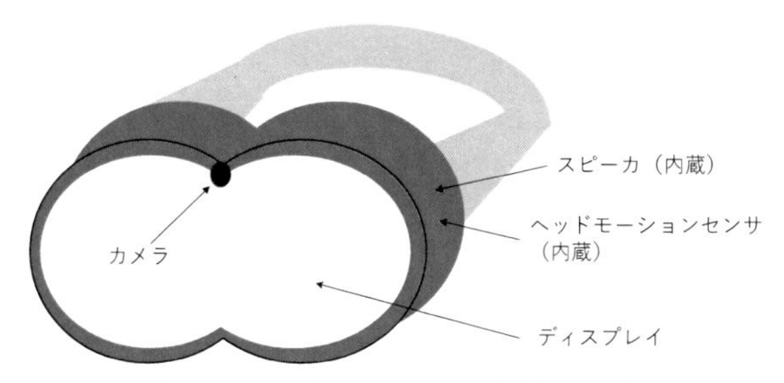

図 13.1 ヘッドマウンティッドディスプレイ

7 音響の観点から臨場感とは，録音やラジオ受信器によってつくられる演奏が，あたかも室内で行なわれているかのような感じを与えることである．また，映像の観点から臨場感とは，それがあたかも目の前で実演されているような感じを与えることである．高臨場感とは，高い臨場感のことである．

8 業務上の問題点の解決や要求の実現を行なうための情報システムである．専門の業者が顧客の要望に応じてシステムの設計を行ない，必要となるあらゆる要素 (ハードウェア，ソフトウェア，通信回線，サポート人員など) を組み合わせて提供するもののことをいう．

9 具体的は加速度センサー，ジャイロセンサー，地磁気センサーなどが挙げられる．

2. 複数の人間が集まった空間でも，各人が好きな画像を他者に気を遣うことなく見ることが可能である．

ということがある．このパーソナル性を利点として HMD の普及を考えることになるが，眼前に光学系をおく構造ゆえに，重量や大きさのことを考えると HDTV に対応するために 100 万画素以上の高精細化が課題となっていたが 2010 年代後半になってから広く市場に出回るようになってきた．最近は，カメラなどの入力デバイスや，スピーカ，マイクロフォンなどが搭載されるようになり，Wi-Fi や Bluetooth などの通信方式が普及したことも相まって，ゲーム用やスマートフォン用などとして実用化されるようになった．

13.2.2　プロジェクション型没入ディスプレイ

このプロジェクション型没入ディスプレイとは，図 13.2 に示すように，湾曲した面もしくは多数の面にそれぞれ異なる映像を投影することによって高い臨場感をうみだそうとしたものであり，近年は，ケイブ型システム（CAVE）に関する研究が米国イリノイ大学を皮切りに数多く報告されている．このようなディスプレイは，没入感や臨場感を増大させるバーチャルリアリティの 1 つのソリューション[10]として開発されてきたのである．

いずれの方式でも立体的に見せるように，映像を加工してプロジェクタより投影するのである．

ところで，その中で精力的に研究されているのは CAVE であるが，これは観察者から見て前面だけでなく，側面，床面，天井面など投影する面の数が多くなっているのが特徴である．この方式では，投影する面は壁面も床面もすべて同じ色としていて，前面ならびに側面はグレースクリーンとして裏側から映像を投影している．また，床面にはグレースクリーンと同一な色に塗装をして天井からフロント投影を行っている．このように前後左右ならびに床からも映像が見えることになるので，平面ディスプレイと比較して高い臨場感が得られることになるとされている．

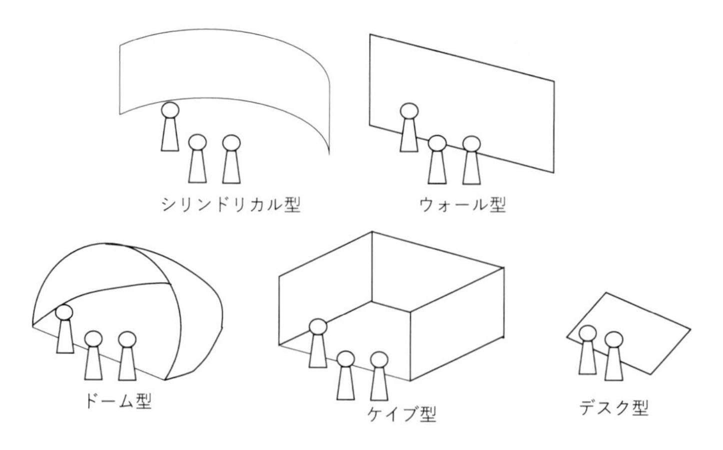

図 13.2　プロジェクション型没入ディスプレイ

10　業務上の問題点の解決や要求の実現を行なうための情報システムである．専門の業者が顧客の要望に応じてシステムの設計を行ない，必要となるあらゆる要素 (ハードウェア，ソフトウェア，通信回線，サポート人員など) を組み合わせて提供するもののことをいう．

このCAVE型システムでは，面と面との境界部分でのひずみの補正や，複数の観測者がいた場合の見え方の補正などが課題となっており，現在でも研究が精力的になされているようであるが，訓練シミュレータなどで実用化された例もある．

また，このCAVE型システムは投影面として非常に大きな装置を必要とするため，その小型化として，デスク型システムなども開発されている．

コラム：拡張現実（AR）

拡張現実（Augmented Reality: AR）とは「現実を拡張する」ものであり，肉眼で直接見ることができる現実の世界と，本来その現実空間に存在しない情報とを重ねてを表示するものである．

現実世界の情報とデバイスの透過型ディスプレイに表示されるディジタル情報を組み合わせることで，本来なら得られない「新たな現実」を作り出すことが可能となるという特徴がある．現実の風景の上に本来存在しない映像，アイコン，アノテーションなど様々な情報を重畳させることによって，あたかも現実が拡張されたかのように見えるのがARである．現実とリンクしてそこに新たな情報を追加して世界を広げるのがARの特長を活かすため，スマートフォンなどのようなモバイル機器を利用可とすること前提と考えられている．このことから，位置を問わずに利用できることを考えると，デバイスのサイズを可能な限り小型化ならびに軽量化することが課題となっている．

13.3 3次元ディスプレイ

先述の没入型ディスプレイやヘッドマウンティッドディスプレイなどは，高臨場感という意味で立体的に感じさせるディスプレイであった．ここでは，左右の眼に視差が生まれることを利用して立体的に見せる3次元ディスプレイについて説明する．

13.3.1 立体メガネ

これは，初期の段階でアナグリフ方式という左右で色の異なる（赤と青などの補色の関係になるようなもの）メガネを装着して，左右の眼に見える画像が異なるように表示されているものである．これは，それぞれの目の前にあるメガネのカラーフィルタで透過する画像の成分を異ならせることから可能となるものであり，比較的簡単な方法で立体的な画像を表示させることが可能であるものの，表示させる画像はモノクロ画像に限られている．

この問題を解決しようとして，HMDが開発されるようになってきたわけであり，HMDではフルカラー化が実現できるようになったが，高解像度化や光学系の小型化という観点から開発には多大な労力が必要となっている．

13.3.2　レンチキュラ方式

水平方向に指向性[11]を持つスクリーンを用いて左右の眼に同時に入るように映像を表示する方式である．水平方向の指向性を持たせるためのスクリーンは，かまぼこを並べて配置したようになっていることからレンチキュラ方式と呼ばれているのである．

かつては，おまけ付き菓子に付いていたものがもっとも簡素なものであり，見る角度によって異なる映像が見られるようなものもあった．図 13.3 には 8 眼式メガネなし 3DTV ディスプレイシステムの概念を示している．これも，スクリーンがかまぼこ状になっていることから，2 つのプロジェクタから投影した映像が目に映ってくるものとしてつくられたが，レンチキュラレンズの画素数が視点数に対応することから視域が制限されるといった問題があった．その問題を解決するために，観測者の位置を測定して提示画像を制御する方法が開発されてきたのである．

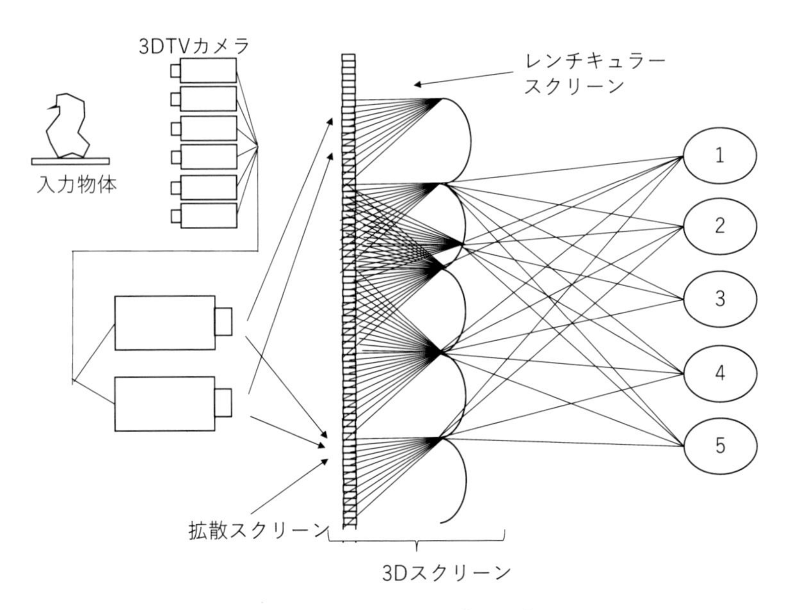

図 13.3　8 眼式メガネなし 3DTV ディスプレイシステム

13.3.3　ホログラフィックディスプレイ

立体映像表示方式において，画像に体積を持たせて表示をさせようとしたものがホログラムである．立体映像表示はもちろんのことであるが，複製のしにくさを利用して紙幣やクレジットカードなどにも張り込まれている．

ホログラムの記録と再生

ここでは，ホログラムの記録と再生の原理について，フレネルホログラムによって説明する．図 13.4 に示すように，レーザから発射された光はハーフミラーによって 2 つの方向に分割され，一方の光は物体表面に到達して反射された後に球面波となって記録面に到達する（これを物体光

11　音，電波，光などが空間中に出力されるとき，その強度が方向によって異なる性質のこと．また，受信の際には方向によって利得が異なることをいう．

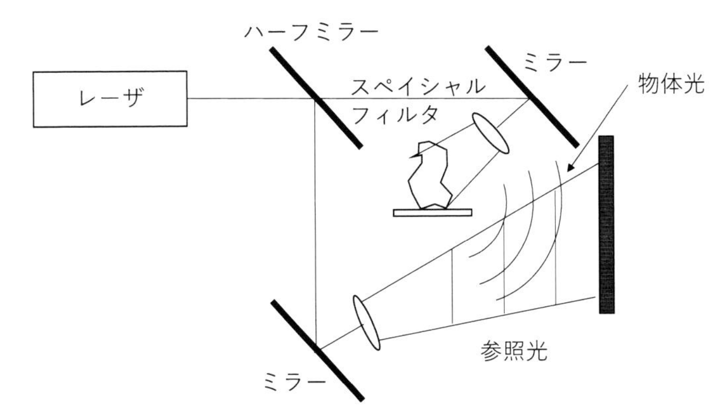

図 13.4　フレネルホログラムの記録の原理

という)．もう一方の光は一様な波として記録面に照射される（これを参照波という)．これらの2つの光は記録面で干渉をおこし，干渉縞が記録面で発生することから，干渉縞を記録したものをホログラムとする．

ホログラムの記録には非常に解像度の高い写真記録材料が用いられるが，その解像度の高さゆえに写真記録材料の感度が低いことから，干渉縞を記録する際には長い露光時間を必要とするので除振をする必要がある．

ところで，ホログラムに記録された干渉縞から立体映像を表示させるには，図 13.5 のように参照光をホログラムに照射すればよい．そうすれば，ホログラムから透過して実像が表示され，ホログラムから反射したものが虚像として表示されるのである．

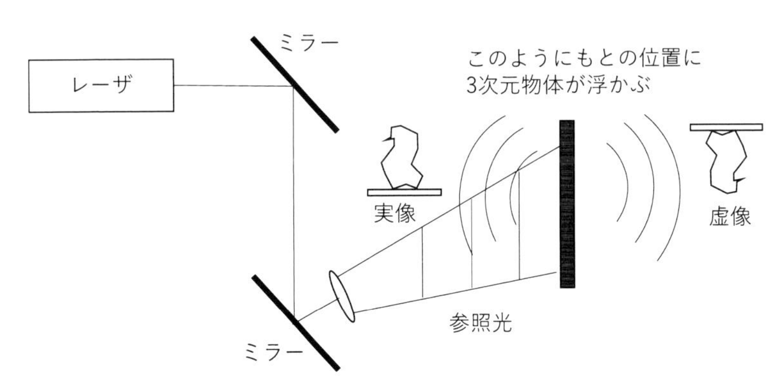

図 13.5　フレネルホログラムの光学再生の原理

計算機ホログラム

先述のようなフレネルホログラムのように一般的にホログラムは光の干渉縞を記録してつくられるので，強力なレーザを照射することの困難な物体や，架空の物体などではホログラムをつくることができない．そこで，干渉縞のパターンを計算できるならばそれを記録させることによってホログラムをつくることができる．その干渉縞のパターンの計算において計算機を用いることから，計算機を利用してつくられたホログラムを計算機ホログラムと呼んでいる．

(a) Lohmann 型計算機ホログラム

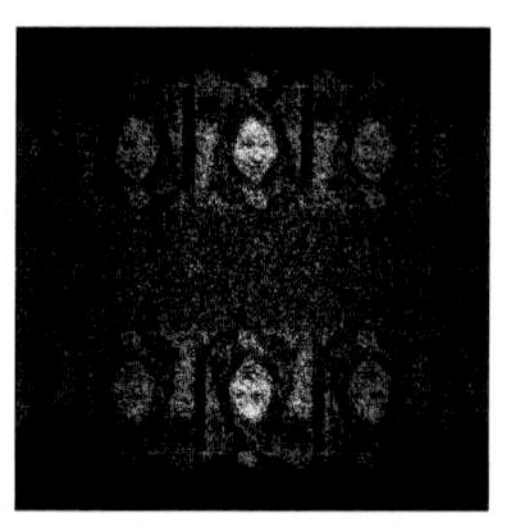

(b) (a) からの再生像

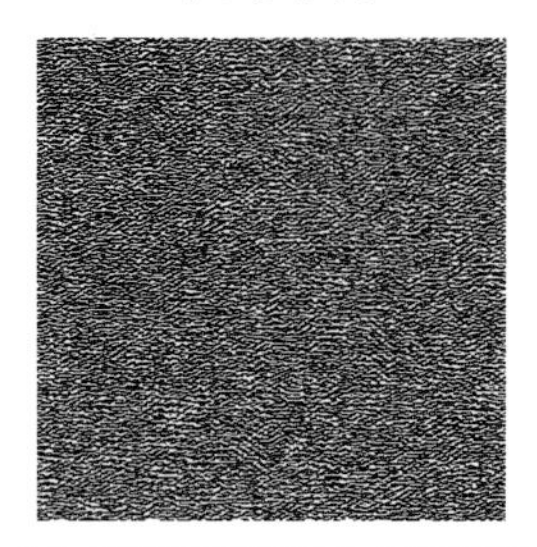

(c) 誤差拡散法による計算機ホログラム

(d) (c) からの再生像

図 13.6　計算機ホログラムとその再生像

図 13.6(a) はフーリエ変換法による典型的な計算機ホログラムであり，ローマン型（Lohmann 型）計算機ホログラムと呼ばれるものである．これは，入力物体（再生させようとする物体）をフーリエ変換して，その複素振幅[12]の位相を開口の位置ずれとして，振幅を開口の大きさとして表現したものである．それをフーリエ変換光学系により再生したものが図 13.6(b) のようなものになる．

図 13.6(c) もフーリエ変換法による計算機ホログラムであるが，複素振幅の位相だけを利用したものであり，位相量子化を行う際に発生する誤差を誤差拡散法によって調整したものである．それをフーリエ変換光学系により再生したものが図 13.6(d) のようなものになるが，比較的像が明るく，誤差拡散の効果により再生物体である人物画が明確に再生されていることがわかる．

プロジェクションマッピング

プロジェクションマッピングとは，図 13.7 のようにプロジェクタで建物などのような立体物や凹凸のある面に映像を投影し，実物と映像を同期させる方法である．すなわち，映像素材に対して，対象物の形状に合わせたデザインや立体情報を持たせ，そして，投影の際に重なり合うように調整することで，幻想的な映像表現が可能な方法である．

プロジェクションマッピングの特徴として，

1. 既存の建築物など投映対象に手を加える必要がなく，投影が終われば直ちに原状復帰できる

12　振幅であれば一般的に実数値を用いるのであるが，複素振幅とは干渉縞のように位相も含めて考えるようにしたものである．

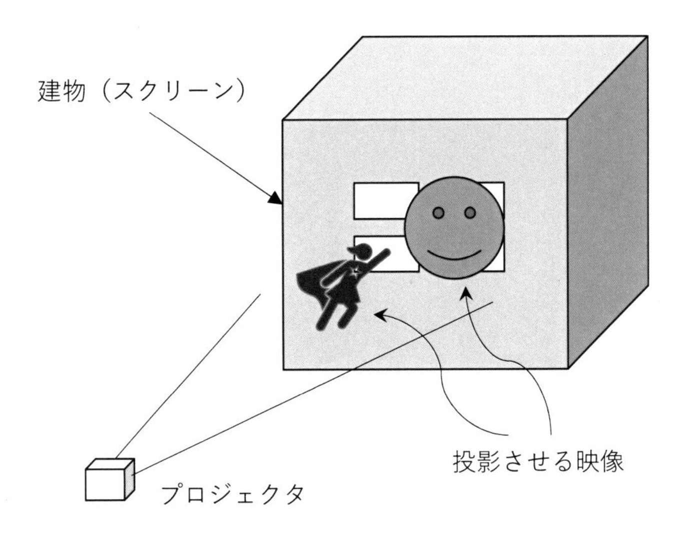

図 13.7 **プロジェクションマッピング**

2. 陰影や遠近感などの情報も用いることで立体感や臨場感を演出できる
3. センサ技術やプログラミングなどを駆使したインタラクティブなコンテンツもある

が挙げられる．

コラム：アミューズメント機器

よく，テーマパークやゲームセンターなどアミューズメントに関する施設に行くと，その時々に応じた新しい技術を駆使した施設や装置すなわちアミューズメント機器を見ることができる．このようなアミューズメント機器は，その時点でいわゆる市場に出すための試作段階であることが多い．このため，ユーザに体験させることによって，今後の展開を探っているものと考えられる．したがって，蛇足ではあるが，アミューズメントに関する施設には，最新のマルチメディア技術を垣間見ることができる可能性が高いのである．

■演習問題■

問題 13.1　立体を知覚するためには，人間の眼にどのような機能が必要であるか考えよ．また，片眼で立体映像を知覚することは可能であるかも併せて考えよ．

問題 13.2　HMD において，装着時の安定性をよくするためにはどのような物理的な工夫が必要と考えられるか．

問題 13.3　CAVE 方式の没入型ディスプレイにおける技術的な難点はどこになると考えられるか．

問題 13.4　ホログラムの記録において，レーザ光でなければならない理由は何か考察せよ．

問題 13.5　計算機ホログラムにおいて 1 次元の情報として記録されたものにバーコードがある．バーコードリーダーの原理はどうなっているか考えよ．

第14章 今後の展望

ここでは，今後期待される技術について幾つか述べる．

1. 芸術としてのメディア技術：最近はこの関係を扱うものは少ないと思われる．そこで，出来るならば，学生レベルで可能なものから，芸術家の領域に至るまで，網羅したい．
2. 情報セキュリティ：防犯のためのパターン認識や鍵などネットワーク配信についても述べたい．
3. 知的所有権の保護：ネットワーク情報配信などで問題となる，知的所有権の保護に対するモラルの高揚をも念頭に記述したい．

14.1　芸術としてのメディア技術

画像という観点から見た芸術には，映画やアニメーションなどのコンテンツ制作という観点から見た芸術や，これから芽生えてくる絵画・彫刻に加えて立体映像技術などを加えた芸術とに大別される．

われわれが非常に多く目にするのは前者に相当するが，映画やアニメーションにはコンピュータグラフィックスの技術がふんだんに使われてきており，いまや，コンピュータを映像技術から分離することは難しい状況となってきている．1960 年代には「ゴジラ」や「ウルトラマン」などのような特撮技術を用いてコンテンツ制作していたものが，近年に至ってはその多くがコンピュータグラフィックスに取り代わってきはじめている．1990 年代に「ジュラシックパーク」，2000 年代には「シュレック」などのアニメーション作品は，高度なコンピュータグラフィックス技術を利用し，多大な計算コストを掛けて作られたものであることが知られていて，アニメーション作品における CG の割合は徐々に増えつつあるようだ．

14.2　情報セキュリティ

ここでは，情報セキュリティとして，画像という観点から見たトピックを紹介する．

14.2.1　電子透かし

電子透かし [15] は，静止画像や動画像のディジタルデータに著作権情報を埋め込むための技術である．電子透かしには，脆弱型とロバスト型との 2 種類がある．脆弱型電子透かしにおいては，本物にだけ透かし情報が入り，複製や改変（拡大縮小や変形など）を行うと本物の証となる透かし情報が消えてしまうものである．これに対して，ロバスト型は，本物はもちろんのこと，複製や改変（拡大縮小や変形など）を行ったものに対しても著作権情報が失われないものである．この電子透かしについては，一長一短な部分があるため，用途に応じて脆弱型を用いるかロバスト型を用いるかを選択しなければならない．

14.2.2　ディジタル放送の録画

アナログ放送を録画した VTR もしくは動画像は，容易にコピーができるため，違法に動画像投稿などが行われたりそれを録画したものが流通したりすることで，放送局に対する著作権侵害がおこなわれることが多発していた．これは，著作権に対する認識が多くの人々については非常に甘いということを意味している．このため，ディジタル放送を録画する際には，ハードウェアに関する鍵となる情報を埋め込み，同一ハードウェア以外での再生はできないようになった．ただ，ハードディスク録画となるレコーダに関してはダビング 10 といってダビングを 9 回とムーブ（DVD[1]やBD[2]へ移動）を1回できるようになっているが，この場合にあっても，他のハードウェアでは再生はできないようになっている．このダビングという概念はハードディスクなどのストレージデバイスの容量を確保するためと，光ディスク（DVDやBD）の信頼性の確保という観点からのことであり，他者にコンテンツを配布することは目的とならない．たとえば，パーソナルコンピュータにディジタル放送の録画を行った場合に，内部のハードウェアを修理したりした場合には録画したディジタル放送は再生できなくなるということも知られている．このことから，ディジタル放送の録画に対しては，放送局から見た著作権保護という概念が十分に尊重されている．

14.2.3 防犯のためのマルチメディア記録

いま，防犯や各種証拠記録のため，各種建造物などには防犯カメラが取り付けられ，移動体（自動車や鉄道車両など）にはドライブレコーダが取り付けられている．これらのデバイスは，偽造防止技術との組合せなども相まって，事故や事件発生時における証拠としての有効性が高くなってきていることから，事故の客観的な検証だけでなく，当たり屋（故意に交通事故を起こして，損害賠償を請求しようとする者）やあおり運転による犯行である証拠としても有効な事案が増加するようになっている．

14.2.4 コピーコントロール

CDやDVDさらにはBDにおいては，複製ができないようにするために，コピーコントロールを掛けているものが非常に多い．これは，電子透かし[3]の応用技術であり，ディスクのコピーを行う際に，エラーの信号が出てコピーを途切れさせるなどのコピーの妨害を行うようにするものである．ただし，コピーコントロールのための信号はコンテンツという観点から見ると雑音であるため，すべてのディスクにはかかっているとは限らない．とくに，クラシック音楽のCDなどにコピーコントロールを掛けた場合には音楽として非常に静寂となる部分に大きな雑音が重畳することになりかねないので，このような音楽CDにはコピーコントロールを掛けにくいという問題がある．

14.3 知的所有権の保護

コピー機が世の中に普及すると，書籍などのデータを著作権者に無断で複写することが重大な問題となってきた．また，電子データが世の中に多く流通するようになり始めるとともに，テレビジョン画像や写真データなどはもちろんのこと，音楽情報までもがコピーされるようになって

1 Digital Didital Versatile Disc の略称である．NTSC 方式の SDTV 映像を 4.7GB の容量であれば約 1 時間程度，9.5GB の容量であれば約 2 時間程度記録できるといわれている．

2 Blue-ray Disc の略称である．この Bule-ray とは青色の光という意味で，レーザのピックアップ（読み取りを行う部分）における光が青色であることによる．この Blue-ray が出現するまではピックアップは赤色であったが，青色になることで波長が短くなることから，ディスクに高密度な記録・再生が可能になった．

3 電子的に著作権情報などを埋め込むことであり，透かしとは紙幣の透かしからとった言葉である．紙幣などの透かしは和紙の水すきから得られる技術であることから，電子透かしのことを，Digital Watermarking と訳する．

きた．このため，出版元などはもとより著作権侵害を重くとらえ，それがおこらないような技術を開発するようになってきた．たとえば，音楽 CD や映像の DVD，Blue-Ray などもコンテンツを含み市販されているものはディスクからディスクへのコピーができないようにコピーコントロールがされている．

また，電子データとして個人がブログなどでディジタルコンテンツを公開することも多くなってきており，これらに対する権利の問題も顕在化してきている．さらに，公文書や有価証券など偽造されてはならないものに対して，コピーをされたものは本物とは異なるようにするための透かし（ディジタルコンテンツに対しては電子透かしと呼ぶ）が開発されるようになってきていて，画像・音声符号化の研究に従事してきた研究者たちの多くはこれらの研究にも取り組んでいる．

加えて，過去に著作権法では取り締まることが出来なかった映画館における盗撮防止については「映画の盗撮の防止に関する法律」が 2007 年 8 月に施行され，複製物の多数流通による映画産業への多大な被害を防ぐ法制度の整備も進んできていて，この場合にあっては私的使用目的に関する例外規定の対象外となった．

いうまでもないことであるが，個人で楽しむこと以外でディジタルコンテンツデータの授受をすることは著作権の侵害となり，ときに法を犯し人生を台無しにすることもあるので充分な注意が必要である．加えて，ディジタルコンテンツにより他者を傷つけたり，誹謗中傷したりしてはいけないことは常識として知っておくべきことである．

最後に，画像をはじめとしたマルチメディア情報を扱う際には著作権，肖像権などに充分な注意を払い，著作権法などの知的財産権に関する法律などに抵触しないようにすることはもちろんのこと，他者に迷惑のかからないようにも心がけ，心豊かで快適な生活が送れるようにしなければならない．

■演習問題■

問題 14.1　マルチメディア情報の複製防止に関して，どのような法律があるか調べよ．また，問題があるとしたらどのようなことがあるか考察せよ．

問題 14.2　なぜ，著作権法など知的財産権に関わる法律が必要であるか，著作者の立場から，そして視聴者の立場から，それぞれ考察せよ．

問題 14.3　今後，マルチメディア技術をどのように防犯に役立てられそうか考察せよ．

参考文献

[1] 例えば，“現代世界美術全集 20 ピサロ・シスレ－・ス－ラ”, 集英社 (1984).
[2] 藤枝一郎：“画像入出力デバイスの基礎”，森北出版（2005）
[3] 田中賢一：“マンガでわかる電子回路”，オーム社（2009）
[4] 新居宏壬，栗田泰市郎，酒井重信：“情報メディアのディスプレイ応用”，共立出版（2001）
[5] 山崎映一：“発光型ディスプレイ１”，共立出版（2001）
[6] 奈倉理一：“画像伝送工学”，共立出版 (2006)
[7] 岩本明人，小寺宏曄：“ディジタルハードコピー技術”，共立出版（2000）
[8] 赤間世紀：“画像情報処理の基礎”，技法堂出版（2006）
[9] 貴家仁志：“画像情報符号化”，コロナ社（2008）
[10] 吹抜敬彦：“画像・メディア工学”，コロナ社 (2002)
[11] 谷田貝豊彦：“光コンピューティング”，共立出版（2004）
[12] 中嶋正之：“3 次元 CG”，オーム社 (1998)
[13] 佐藤誠，佐藤甲癸，橋本直樹，高野邦彦：“三次元画像工学”，コロナ社（2004）
[14] 谷千束：“高臨場感ディスプレイ”，共立出版（2001）
[15] 小松尚久，田中賢一（監修），“電子透かし技術”，東京電機大学出版局（2004）
[16] 貴家仁志：“ディジタル信号処理のエッセンス”，昭晃堂 (2006)
[17] 竹下彊一，浜野保樹，藤幡正樹（監修）：“最新映像用語辞典”，リットーミュージック (1994)
[18] 長谷川伸（監修），映像情報メディア学会（編）：“映像情報メディア用語辞典”，コロナ社（1999）

索引

記号・数字

α アルゴリズム 149
ϵ-フィルタ 119
1 次微分 116
24 近傍 112
2 階微分 117
2 次微分 117
2 値化 119
3D プリンタ 93
3 原色 110
3 次元 CG 149
3 次元ディスプレイ 153
8 近傍 112

A

Adobe 129
Adobe Systems 129
Aldus 129
Apple 129
AR 153
ASK 方式 62
AVI 132

B

BMP 128
Byte 128

C

CAD/CAM 148
CCD 39
CCITT 128
CG 148
CIE 103
CMOS 39
CompuServe 128
Corel Paint Shop Pro 129
CorelDRAW 129
CPFSK 方式 65
CRT 76

D

DCT 134
DCT ブロック 135
DFT 23
DP マッチング 143
DRM 132
DTP 129

E

EL 75
EPS 129

F

Floyd-Steinberg's Method 123
FreeHand 129
FSK 方式 63

G

GIF 128
Gixpro 129
Gutenberg 11

H

H.264 131
H.264/AVC 131
H.26X 134
HMD 151

I

IEEE 124
Illustrator 129
ISDB 52
ISO 128

J

J-FET 33
Jarvis-Judice-Ninke's Method 123
JPEG 128, 132

K

k B 128

L

LED アレイ 89
Lena 124

M

MaOS 129
MH 符号化 133
Microsoft 128
MOS-FET 34
MOS 型イメージセンサ 39
MPEG 130, 134
MPEG-1 .... 130, 135
MPEG-2 .... 52, 130, 135
MPEG-4 130

N

N 型半導体 30

O

OPC 89

P

PDF 130
PDP 73
Photoshop 129
PICT 129
pnp トランジスタ 31
PN 接合 30
POC 144
PostScript 129
PSK 方式 65
P 型半導体 30

R

RGB 表色系 105

S

Sobel フィルタ 116

T

TFT 70
TIFF 129
TN 71

V

VR 150
VR ゴーグル 151

W

Windows 128
WMV 132

X

XYZ 表色系 105

Y

YUV フォーマット 106

あ

明るさの調整 111
圧縮アルゴリズム 128
圧縮符号化 53
圧縮率 128
アナログ信号 62
アニメーション 160
網点型ディザ 120
アミューズメント 157
誤り訂正符号 51
アルゴリズム 121
アンチエイジング 148
イエロー 88
位相限定相関法 143
移動量 144
イメージセッタ 129
イメージセンサ 111
色 102
色圧縮 148
色の再現 123
色の濃淡 110
インクシート 87
インクジェットプリンタ 91
インクリボン 86
印刷 11
印象派芸術 9
インターリーブ 55
動き補償 135
動き補償予測 134
ウルトラマン 160
映画 160
映画の盗撮の防止に関する法律 162
映像情報メディア学会 78, 123
液晶 70
液晶パネル 70
液晶分子 70
エサキダイオード 28
エッジの検出 116
エッジ抽出 112
エレクトロルミネッセンス 75
塩化銀 12
オートフォーカス 43
往復走査 94
オペレータ 113
オンデマンド型 59, 93

か

カーボン紙 88
解像度 43
階調 110
階調数 110
階調変換 110
ガウシアンフィルタ 114
ガウス分布 114
可干渉度 102
可逆符号化 132
拡張現実 153
拡張子 128
可視光 102
画質評価 78
ガス放電 73
仮想現実感 151
画像電子学会 123
画像の評価 123
画像フォーマット 128
画像符号化 132
活版印刷 11
加法混色 102
カメラ 38
カラーフィルタ 71
感光現象 12
感光体 88
干渉計 102
干渉縞 101
感熱紙 86
ガンマ補正 111
擬似中間調処理 13
偽造防止技術 161
基礎刺激 103
輝度 135
輝度信号 106
ギブス現象 137
級数展開 96
共役複素数 20
キロバイト 128
近傍画素 113
グラデーション 110
グラビア印刷 12
黒 88
クロマキー 123
ゲート 33
計算機ホログラム 156
結像光学系 38
ゲルマニウム 28
現像 88
減法混色 104
高臨場感ディスプレイ技術 150
ゴースト 123
国際照明委員会 103
国際標準規格 123
誤差拡散法 121
ゴジラ 160
固定焦点レンズ 38
コピーコントロール 161
コヒーレンス 102
コピー制御 132
ごましお雑音 115
コンテンツ制作 160
コントラスト 101, 143
コンピュータグラフィックス 148
コンボリューション 96

さ

サーマル記録 …… 86
サーマルヘッド …… 86
サーマル方式 …… 93
雑音の低減 …… 112
撮像管 …… 41
撮像素子 …… 38
差分演算 …… 116
差分符号化 …… 134
酸塩基反応 …… 12
酸化還元反応 …… 12
酸化膜 …… 34
サンプリング …… 21
サンプリングデータ …… 21
三平方の定理 …… 141
シアン …… 88
シェーディング …… 150
紫外線 …… 102
時間軸 …… 18
色差信号 …… 106
ジグザグ走査 …… 94
指数関数 …… 111
シミ・しわの除去 …… 119
指紋センサ …… 45
ジャイロセンサ …… 42
写真フィルム …… 40
シャドウ強調 …… 111
ジャマンの干渉計 …… 102
シャルル・アンリ …… 11
周期関数 …… 20
周期性 …… 23
周期律表 …… 28
周波数軸 …… 18
周波数変調 …… 63
ジュラシックパーク …… 160
シュレック …… 160
肖像権 …… 162
焦点距離 …… 38
シリアルプリンタ …… 87
シリアル型 …… 86
シリコン …… 28
視力 …… 46
白黒画像 …… 110
真空管 …… 41
振幅変調 …… 62
ズーム …… 123
スーラ …… 10
スキャナ …… 43
ストリーミング …… 59
ストリーミング再生 …… 132
スペクトル …… 16, 23
スマートグラス …… 151
スリット …… 89
正規分布 …… 114
静止画 …… 128
脆弱型 …… 160
聖書 …… 11
整流回路 …… 30
赤外線 …… 102
設計ツール …… 148
接合型電界効果トランジスタ …… 33
潜像 …… 89
ソース …… 33
相関係数 …… 141
走査 …… 94
組織的ディザ …… 120

た

ダイオード …… 27
太陽光 …… 96
多重化 …… 54
たたみ込み …… 19
畳み込み …… 96
畳み込み積分 …… 143
畳み込み符号 …… 54
多値カラーディザ法 …… 149
ダビング 10 …… 160
タンデム方式 …… 90
地上ディジタル放送 …… 55
知的財産権 …… 162
中央値 …… 114
注目画素 …… 112
著作権 …… 162
著作権侵害 …… 160
チルト …… 123
ディザマトリクス …… 120
ディザ法 …… 120
ディジタル信号 …… 62
ディジタル変調方式 …… 65
ディジタル放送 …… 50
定着プロセス …… 90
テストチャート …… 78, 123
手ぶれ補正機能 …… 42
デルタ関数 …… 96
テレビカメラ …… 41
テレビジョン …… 50
電界効果トランジスタ …… 33
電荷結合素子 …… 39
電気伝導度 …… 28
電子写真 …… 88
電子写真記録 …… 88
電子銃 …… 76
電子透かし …… 160
伝送路符号化 …… 52, 54
点描画 …… 9
テンプレートマッチング …… 142
ドーピング …… 28
動画 …… 128, 130
等価回路 …… 70
透過型液晶パネル …… 70
動画像 …… 130
動的計画法 …… 143
銅版画 …… 11
ドガ …… 10
特撮技術 …… 160
特徴ベクトル …… 142
特許権 …… 128
ドットインパクトプリンタ …… 88
トナー …… 88
ドライブレコーダ …… 161
トランジスタ …… 27
ドロー系 …… 129
トワイマン–グリーンの干渉計 …… 102

な

ネガ・ポジ変換 …… 110
ネガフィルム …… 40
ネマティック液晶セル …… 71
ノルム …… 140

は

バーチャルリアリティ ……… 150
ハーフトーン処理 ……… 119
バイアス ……… 33
バイト ……… 128
ハイビジョン ……… 53
バイポーラトランジスタ ……… 30
ハイライト強調 ……… 111
バウンディングボックス ……… 129
パターン認識 ……… 139
パターンの形状 ……… 143
パターンマッチング ……… 142
バックライト ……… 70
ハフマン符号化 ……… 133
バブルジェット方式 ……… 93
パン ……… 123
搬送波 ……… 62
半値幅 ……… 114
半導体 ……… 27
半導体素子 ……… 27
半導体レーザ ……… 89
ハンドベルト型スキャナ ……… 44
非圧縮 ……… 129
ピエゾ ……… 92
非可逆符号化 ……… 132
光の干渉 ……… 99
ピサロ ……… 10
ヒストグラム ……… 110
ヒストグラムの均一化 ……… 110
ピタゴラスの定理 ……… 141
ビットマップ ……… 129
ビットマップイメージ ……… 129
瞳関数 ……… 97
微分演算 ……… 116
誹謗中傷 ……… 162
表色系 ……… 102
フーリエ級数展開 ……… 20
フーリエ係数 ……… 20
ファイルサイズ ……… 128
ファイルの種類 ……… 128
ファブリ–ペローの干渉計 ……… 102
フィゾーの干渉計 ……… 102
フィルタリング ……… 112
フィルタ係数 ……… 113
フーリエ変換 ……… 15, 62, 96, 144
複写用紙 ……… 88
複素透過率 ……… 97
符号化 ……… 128
物理学 ……… 10
フラウンホーファー回折 ……… 96
プラズマディスプレイ ……… 73
ブラックマトリクス ……… 71
フルカラー出力 ……… 91
フレーム ……… 134
フレーム予測技術 ……… 132
フレネル回折 ……… 96
プレビュー画像 ……… 129
プロジェクションマッピング ……… 156
ブロック符号 ……… 54
ブロック分割 ……… 133
分光増感処理 ……… 86
ペアノ走査 ……… 94
平均値フィルタ ……… 112, 113
平面波 ……… 96
ベクトル ……… 140
ベクトルデータ ……… 129
ベジェ曲線 ……… 129
ヘッドマウンテッドディスプレイ ……… 151
ヘリングの反対色説 ……… 10
偏光角 ……… 70
偏向磁界 ……… 77
偏光板 ……… 70
ホイヘンス–フレネルの式 ……… 96
ポジフィルム ……… 40
補色 ……… 10
没入型ディスプレイ ……… 152
没入感 ……… 152
ポリゴン ……… 150
ホログラフィックディスプレイ ……… 154
ホログラム ……… 102

ま

マイクロフィルム ……… 41
マイケルソン干渉計 ……… 102
マクロブロック ……… 135
マゼンタ ……… 88
マッチング ……… 140
マッハ–ツェンダーの干渉計 ……… 102
マネ ……… 10
魔方陣ディザ ……… 120
マルチパス方式 ……… 90
マンセル表色系 ……… 105
マン・マシン・インターフェイス ……… 148
無版印刷 ……… 89
メディアン ……… 114
メディアンフィルタ ……… 114
モスキート歪み ……… 137
モデリング ……… 149
モネ ……… 10
モルトン走査 ……… 94

や

ヤング–ヘルムホルツの 3 原色説 ……… 10
有機 EL ディスプレイ ……… 75

ら

ライブ型 ……… 59
ラインプリンタ ……… 87
ライン型 ……… 86
ラスタ走査 ……… 94
ラスタ走査 ……… 78
ら旋走査 ……… 94
ラプラシアン ……… 117
ラプラシアンフィルタ ……… 117
ラン ……… 133
ランドルト環 ……… 46
ランレングス ……… 133
ランレングス符号化 ……… 132
リードソロモン符号 ……… 54
リアルタイム符号化 ……… 135
離散フーリエ逆変換 ……… 22
離散フーリエ変換 ……… 17, 21
リソグラフィ ……… 11
立体メガネ ……… 153
リバーサルフィルム ……… 40
リモートセンシング ……… 144
量子化 ……… 121
量子化誤差 ……… 121
臨場感 ……… 152
類似度 ……… 144

ルノワール 10
レーザプリンタ 89
レイアウトソフト 129
レナ 124
レンズ 38, 96
レンズのフーリエ変換作用 97
連続噴射型 92
レンダリング 149
レンチキュラ方式 154
露光 89
ロスレス符号化 132
ロッシー符号化 132
ロバスト型 160

わ

ワンセグ 58

著者紹介

田中 賢一（たなか けんいち）

1969年7月　宮崎県生まれ
1990年3月　国立都城工業高等専門学校電気工学科卒業
1992年3月　九州工業大学工学部電気工学科卒業
1994年3月　九州工業大学大学院工学研究科博士前期課程修了
九州工業大学工学部助手などを経て，現在，長崎総合科学大学共通教育部門教授.
博士（工学）（九州工業大学）
電子情報通信学会，映像情報メディア学会，画像電子学会，各会員
IEEE Senior Member
画像処理，ホログラフィ，機械学習，教育工学などの研究に従事.

◎本書スタッフ
編集長：石井 沙知
編集：伊藤 雅英
組版協力：阿瀬 はる美
表紙デザイン：tplot.inc 中沢 岳志
技術開発・システム支援：インプレス NextPublishing

●本書の内容についてのお問い合わせ先
近代科学社Digital　メール窓口
kdd-info@kindaikagaku.co.jp
件名に「『本書名』問い合わせ係」と明記してお送りください。
電話やFAX、郵便でのご質問にはお答えできません。返信までには、しばらくお時間をいただく場合があります。なお、本書の範囲を超えるご質問にはお答えしかねますので、あらかじめご了承ください。

●落丁・乱丁本はお手数ですが、（株）近代科学社までお送りください。送料弊社負担にてお取り替えさせていただきます。但し、古書店で購入されたものについてはお取り替えできません。

初学者のための画像メディア工学

2025年3月7日　初版発行Ver.1.0

著　者　田中 賢一
発行人　大塚 浩昭
発　行　近代科学社Digital
販　売　株式会社 近代科学社
〒101-0051
東京都千代田区神田神保町1丁目105番地
https://www.kindaikagaku.co.jp

印刷・製本　京葉流通倉庫株式会社
Printed in Japan

ISBN978-4-7649-0739-3

近代科学社Digital

教科書発掘プロジェクトのお知らせ

先生が授業で使用されている講義資料としての原稿を、教科書にして出版いたします。書籍の出版経験がない、また地方在住で相談できる出版社がない先生方に、デジタルパワーを活用して広く出版の門戸を開き、教科書の選択肢を増やします。

セルフパブリッシング・自費出版とは、ここが違う！

・電子書籍と印刷書籍（POD：プリント・オンデマンド）が同時に出版できます。
・原稿に編集者の目が入り、必要に応じて、市販書籍に適した内容・体裁にブラッシュアップされます。
・電子書籍と POD 書籍のため、任意のタイミングで改訂でき、品切れのご心配もありません。
・販売部数・金額に応じて著作権使用料をお支払いいたします。

教科書発掘プロジェクトで出版された書籍例

数理・データサイエンス・AI のための数学基礎　Excel 演習付き
岡田 朋子 著　B5　252頁　税込3,025円　ISBN978-4-7649-0717-1

代数トポロジーの基礎　基本群とホモロジー群
和久井 道久 著　B5　296頁　税込3,850円　ISBN978-4-7649-0671-6

はじめての 3DCG プログラミング　例題で学ぶ POV-Ray
山住 富也 著　B5　152頁　税込1,980円　ISBN978-4-7649-0728-7

MATLAB で学ぶ 物理現象の数値シミュレーション
小守 良雄 著　B5　114頁　税込2,090円　ISBN978-4-7649-0731-7

デジタル時代の児童サービス
西巻 悦子・小田 孝子・工藤 邦彦 著　A5　198頁　税込2,640円　ISBN978-4-7649-0706-5

募集要項

募集ジャンル

大学・高専・専門学校等の学生に向けた理工系・情報系の原稿

応募資格

1. ご自身の授業で使用されている原稿であること。
2. ご自身の授業で教科書として使用する予定があること（使用部数は問いません）。
3. 原稿送付・校正等、出版までに必要な作業をオンライン上で行っていただけること。
4. 近代科学社 Digital の執筆要項・フォーマットに準拠した完成原稿をご用意いただけること（Microsoft Word または LaTeX で執筆された原稿に限ります）。
5. ご自身のウェブサイトや SNS 等から近代科学社 Digital のウェブサイトにリンクを貼っていただけること。

※本プロジェクトでは、通常ご負担いただく**出版分担金が無料**です。

詳細・お申込は近代科学社 Digital ウェブサイトへ！
URL：https://www.kindaikagaku.co.jp/feature/detail/index.php?id=1